Berichte aus dem
Institut für Umformtechnik
der Universität Stuttgart
Herausgeber: Prof. Dr.-Ing. K. Lange

89

Walter Osen

Untersuchungen über das kombinierte Quer-Napf-Vorwärts-Fließpressen

Mit 66 Abbildungen

Springer-Verlag
Berlin Heidelberg New York Tokyo 1986

Dipl.-Ing. Walter Osen
Institut für Umformtechnik
Universität Stuttgart

Dr.-Ing. Kurt Lange
o. Professor an der Universität Stuttgart
Institut für Umformtechnik

D 93

ISBN-13:978-3-540-17349-6   e-ISBN-13:978-3-642-82974-1
DOI: 10.1007/978-3-642-82974-1

Gesamtherstellung: Copydruck GmbH, Offsetdruckerei, Industriestraße 1-3, 7258 Heimsheim
Telefon 0 70 33/38 25-26
2362/3020—543210

Die Umformtechnik zeichnet sich durch sehr gute Werkstoffaus-
wertung und hohe Mengenleistung in der Serienfertigung gegenüber anderen Fertigungsverfahren aus, wobei Beibehaltung der
Masse, Änderung der Festigkeitseigenschaften während eines Vorgangs und elastische Rückfederung der Werkstücke nach einem
Vorgang wesentliche Merkmale sind. Weiter sind die benötigten
Kräfte, Arbeiten und Leistungen sehr viel größer als z.B. bei
spanenden Verfahren. Die sichere Beherrschung eines Verfahrens
in der industriellen Fertigung und die zunehmende Forderung
nach Vermeidung bzw. Minimierung spanender Nacharbeit erzwingen
die geschlossene Betrachtung des Systems "Umformende Fertigung"
unter zentraler Berücksichtigung plastizitätstheoretischer,
werkstoffkundlicher und tribologischer Grundlagen.

Das Institut für Umformtechnik der Universität Stuttgart stellt
entsprechend Forschung und Entwicklung zum einen auf die Erar-
beitung von Grundlagenwissen in diesen Bereichen ab, zum anderen
untersucht und entwickelt es Verfahren unter Anwendung speziel-
ler Meßtechniken mit dem Ziel einer genauen quantitativen Ermittlung des Einflusses der Parameter von Vorgang, Werkstoff,
Werkzeug und Maschine. Die Behandlung von Problemen des Maschi-
nenverhaltens, der Maschinenkonstruktion sowie der Werkzeugauslegung und -beanspruchung, der Auswahl hochbeanspruchbarer,
verschleißfester Werkzeugbaustoffe und schließlich der Tribo-
logie gehört entsprechend ebenfalls zum Arbeitsgebiet, das
durch die Erfassung organisatorischer und betriebswirtschaft-
licher Fragen abgerundet wird.

Im Rahmen der "Berichte aus dem Institut für Umformtechnik" erscheinen in zwangloser Folge jährlich mehrere Bände, in denen
über einzelne Themen ausführlich berichtet wird. Dabei handelt
es sich vornehmlich um Abschlußberichte von Forschungsvorhaben,
Dissertationen, aber gelegentlich auch um andere Texte. Diese
Berichte sollen den in der Praxis stehenden Ingenieuren und
Wissenschaftlern zur Weiterbildung dienen und eine Hilfe bei
der Lösung umformtechnischer Aufgaben sein. Für die Studieren-

den bieten sie die Möglichkeit zur Vertiefung der Kenntnisse.
Die seit zwei Jahrzehnten bewährte freundschaftliche Zusammen-
arbeit mit dem Springer-Verlag sehe ich als beste Voraussetzung
für das Gelingen dieses Vorhabens an.

                              Kurt Lange

<u>V o r w o r t</u>

Die vorliegende Arbeit entstand während meiner Tätigkeit als wissen-
schaftlicher Mitarbeiter am Institut für Umformtechnik der Universität
Stuttgart.
Herrn Professor Dr.-Ing. Kurt Lange danke ich für sein Vertrauen und
seine wohlwollende Unterstützung bei der Durchführung dieser Arbeit.
Herrn Professor Dr.-Ing. Fritz Dohmann danke ich für die eingehende
Durchsicht dieser Arbeit.
Mein Dank gilt ferner allen Mitarbeiterinnen und Mitarbeitern des
Instituts für Umformtechnik, die durch ihre Unterstützung zum Gelingen
dieser Arbeit beigetragen haben.
Ebenfalls danken möchte ich Herrn Dr. Roll für wertvolle Ratschläge
und kritische Diskussionen. Weiterhin gilt mein Dank Herrn Professor
Dr. T. Wanheim vom Afdelningen for Mekanisk Teknologi der Technischen
Hochschule Lyngby, Dänemark, für die Unterstützung bei der Durchfüh-
rung der Modellversuche.
Die Mittel für die Durchführung dieser Untersuchung wurden von der
Deutschen Forschungsgemeinschaft zur Verfügung gestellt.

Stuttgart, August 1986

                        Walter Osen

Inhaltsverzeichnis

<u>Verzeichnis der wichtigsten Abkürzungen</u>

<u>Verwendete Größen, Formelzeichen und Einheiten</u>

A	mm²	Fläche
A_g	%	Gleichmaßdehnung
A_5	%	Bruchdehnung
b	mm	Bodendicke
C	N/mm²	Fließspannung bei $\varphi = 1{,}0$
d	mm	Durchmesser
e	mm	Mittenversatz
F	N	Kraft
h	mm	Höhe
h_{St}	mm	Stempelweg
k	N/mm²	Schubfließgrenze
k_f	N/mm²	Fließspannung
l	mm	Länge
n	-	Verfestigungsexponent
p	N/mm²	bezogene Kraft
P	Nm/s, J	Leistung
r	mm	Radius
r_A	mm	Auslaufradius
r_U	mm	Umlenkradius
R_m	N/mm²	Zugfestigkeit
$R_{p0,2}$	N/mm²	Dehngrenze
R_p	µm	Glättungstiefe
R_t	µm	Rauhtiefe
R_z	µm	gemittelte Rauhtiefe
s	mm	Spalthöhe, Wanddicke

s_R	mm	Ringspaltbreite
T	°C, K	Temperatur
t	s	Zeit
v	mm/s	Geschwindigkeit
V	mm³	Volumen
z	%	Brucheinschnürung
α	grd	Winkel
ε	-	Formänderung
$\dot{\varepsilon}$	1/s	Formänderungsgeschwindigkeit
μ	-	Reibzahl
σ	N/mm²	Spannung
τ	N/mm²	Schubspannung
φ	-	Umformgrad
$\dot{\varphi}$	1/s	Umformgeschwindigkeit

Indizes
<u>Indizes</u>

A	Außen...
F	Flansch...
Geg	Gegenstempel...
Ges	Gesamt...
H	Hohlkörper...
h	Höhe
I	innen
id	ideell
K	Kalibrier...
l	Länge
M	Matrize
m	mittlere

max	maximale
R	Reibung
RA	Reibung im Aufnehmer
Rück	rückwirkend
r	in r-Richtung
S	Scherung
Sp	Spalt...
St	Stempel...
t	in t-Richtung
U	Umformung
v	Vergleichs...
W	Wand...
Wz	Werkzeug...
z	in z-Richtung
zul	zulässig
0	Anfangs...
1	End...

Abkürzungen

FE	Finite Elemente
DMS	Dehnmeßstreifen

0 **EINLEITUNG**

Verfahren der Kaltmassivumformung weisen gegenüber anderen Fertigungsverfahren eine Reihe von Vorzügen auf, die dazu geführt haben, daß Kaltfließpressen zunehmend angewandt wird. Günstige Werkstoffausnutzung und hohe Mengenleistung bei der Fertigung oft schwieriger Formteile und hohe Arbeitsgenauigkeit, durch die in vielen Fällen spanende Nachbearbeitungen der Preßteile eingespart werden können, ergeben deutliche Kostenvorteile für das Kaltfließpressen /1/. Deshalb ist es in jüngster Zeit ein wesentliches Ziel des Kaltmassivumformens, mechanisch hochbeanspruchbare Bauteile mit hoher Maß- und Formgenauigkeit und Oberflächengüte herzustellen. Sie sollen ohne oder mit geringer Nachbearbeitung einbaufertig sein /2, 3/. Weitere Entwicklungsschwerpunkte sind das Umformen höher legierter Werkstoffe und die Herstellung komplexer Werkstückformen, sowohl aus Stahl als auch aus Leichtmetallen /4-6/. So hat inzwischen das Querfließpressen als ein neues Verfahren Einzug in die Fertigung gefunden, womit eine Erweiterung des Spektrums herstellbarer Werkstückformen verbunden war /7, 8/.

Aus Gründen der Wirtschaftlichkeit werden heute bei der Kaltmassivumformung in immer stärkerem Maße Verfahrenskombinationen eingesetzt /9, 10/. Von einer Verfahrenskombination spricht man, wenn zwei oder mehrere gleiche oder verschiedene Verfahren in einem Werkzeug bei einem Pressenhub ausgeführt werden. Dabei muß in bezug auf die zeitliche Folge der verschiedenen Arbeitsgänge unterschieden werden in Kombinationen, bei denen die Teilvorgänge nacheinander ablaufen und in solche, bei denen sie gleichzeitig stattfinden.

Neben einer Einsparung von Arbeitsgängen und Werkzeugen wird bei Verfahrenskombinationen der Kraftbedarf in der Regel herabgesetzt, was zu einer entsprechend geringeren Werkzeugbelastung führt /11/.

Weiterhin hat sich gezeigt, daß durch Verfahrenskombinationen Werkstückfehler, die bei einer Verfahrensfolge auftreten, behoben werden können.

In der industriellen Praxis wird eine Vielzahl von Werkstücken benötigt, die die Form eines Hohlkörpers mit Zapfen besitzen. Beispiele sind Rohrgelenkwellen, Hülsen, Schaltergehäuse oder Kupplungsteile /12/.

Konventionell werden solche Werkstücke in mehreren Stufen umgeformt, wobei Voll-Vorwärts-Fließpressen und Napf-Rückwärts-Fließpressen oder eine Kombination aus beiden zum Einsatz kommen. Mit dem neuen Verfahren Kombiniertes Quer-Napf-Vorwärts-Fließpressen können zylindrische Rohtei-

le ohne vorherigen Arbeitsgang, wie z.B. "Setzen", in einem einzigen Hub
zu Hohlkörpern mit Zapfen variabler Länge kalt umgeformt werden. Dabei
handelt es sich um eine Verfahrenskombination aus Querfließpressen mit
anschließendem Napf-Vorwärts-Fließpressen (Bild 1). Da bei diesem Verfahren der Zapfendurchmesser belastet wird, die Preßkraft aber sehr stark
von der Querschnittsfläche des Rohteils abhängig ist, sind die Stempelkräfte entsprechend niedrig. Ein weiterer Vorteil ist die Formenviel-
falt, die mit dieser Verfahrenskombination erreicht werden kann.
Aufgrund dieser Vorteile wurde das Verfahren Kombiniertes Quer-Napf-Vorwärts-Fließpressen systematisch untersucht und die Auswirkungen verschiedener Vorgangsparameter auf die Verfahrenskenngrößen und Werkstückeigenschaften ermittelt. Mit den daraus gewonnenen Erkenntnissen sollen Grundlagen und Empfehlungen für die industrielle Anwendung dieses neuen
Verfahrens geschaffen werden.

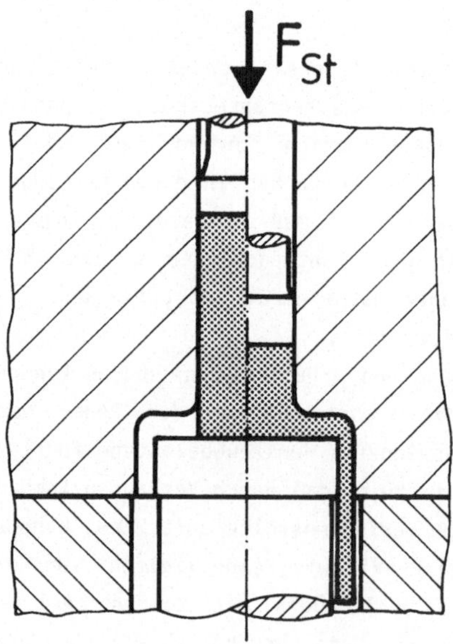

Bild 1: Prinzip des Kombinierten Quer-Napf-Vorwärts-Fließpressens.

1 STAND DER ERKENNTNISSE

Zur Herstellung von Hohlkörpern mit Zapfen werden eine Reihe von Verfahren angewandt, die hier vorgestellt und gegenüber dem Kombinierten Quer-Napf-Vorwärts-Fließpressen abgegrenzt werden sollen. Dabei wird auf verschiedene Vor- und Nachteile dieser Verfahren eingegangen.

Die Auswertung des Schrifttums erfolgte unter zwei Gesichtspunkten. Zum einen wurden Verfahren betrachtet, in denen das Kombinierte Quer-Napf-Vorwärts-Fließpressen eine Alternative darstellen soll. Zum anderen wurde der Stand der Erkenntnisse über das Querfließpressen ermittelt, da dieses Verfahren den ersten, noch wenig angewandten Teilvorgang dieser Verfahrenskombination darstellt.

1.1 QUERFLIESSPRESSEN

Querfließpressen ist Fließpressen mit Werkstofffluß quer zur Wirkrichtung der Maschine, wobei ein zylindrisches Rohteil in einer geschlossenen Matrize unter der Wirkung eines oder mehrerer Stempel in einem Arbeitsgang in eine oder mehrere Richtungen gleichzeitig ausgepreßt und ein Werkstück mit voller oder hohler Haupt- und/oder Nebenform erzeugt wird /13/ (Bild 2). Wesentlich dabei ist, daß die formgebende Werkzeugöffnung (Düse) während des Vorgangs unverändert bleibt. Hierin liegt das wichtige Unterscheidungsmerkmal gegenüber dem Stauchen und Formpressen, Verfahren, mit denen zum Teil ähnliche Werkstückformen hergestellt werden können. Im Schrifttum werden oft falsche Bezeichnungen für diese ähnlichen Verfahren verwendet, weil die Bedingung der konstanten Werkzeugöffnung als Unterscheidungskriterium mißachtet wird. Bei der Herstellung von Bunden und Flanschen sind als Querfließpreßverfahren bezeichnete Arbeitsgänge in Wirklichkeit oft Stauchvorgänge /14/.

Durch Querfließpressen lassen sich Werkstücke mit Flanschen und/oder Bunden sowie mit seitlichen Formelementen herstellen. Diese Nebenformelemente können volle oder hohle, kreiszylindrische und nicht kreiszylindrische Formen aufweisen. Sie können an einem Preßteil auch mehrfach auftreten /8/. In Bild 3 ist eine Formenordnung für Querfließpreßteile dargestellt. Im Hinblick auf die Kombination des Verfahrens Querfließpressen mit dem Napf-Vorwärts-Fließpressen sind vor allem Angaben über Verfahrensgrenzen beim einseitigen Querfließpressen von Flanschen von

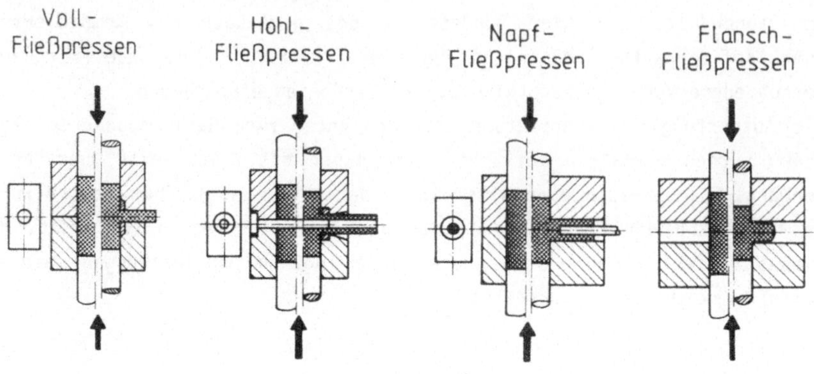

Bild 2: Prinzipdarstellung der Verfahren des Querfließpressens.

| | Nebenformelemente in einer Ebene | | | Nebenformelemente |
	voll	hohl	profiliert	nicht in einer Ebene
Bund		—		
gedrun= gene Form				
Langform				

(seitliche Formelemente)

Bild 3: Formenordnung für Querfließpreßteile.

Interesse. Über erste umfangreiche Untersuchungen hierzu wird in /15/ berichtet. Dort wurden an einem Ende fest eingespannte zylindrische Rohteile aus Stahl (Durchmesser d_0) von einer Seite querfließgepreßt, so daß in der Mitte ein Flansch entstand. Überschritt der Stempelweg den Wert $4,3 \cdot d_0$, so traten am Flanschaußenrand Risse auf. Für Spalthöhen kleiner $0,6 \cdot d_0$ nahm dieser Wert rapide ab. Bei einer Spalthöhe von $0,5 \cdot d_0$ wurde nur noch ein Stempelweg von $1,5 \cdot d_0$ fehlerfrei erreicht, was einem Flanschdurchmesser von $1,7 \cdot d_0$ entspricht. In /16/ wird berichtet, wie an zylindrische Rohteile aus Aluminium am Ende ein Flansch querfließgepreßt wird. Hier wurden für eine Spalthöhe von $0,5 \cdot d_0$ Flanschdurchmesser von $2,0 \cdot d_0$ erreicht, bevor Risse im Flansch auftraten. Der Rohteildurchmesser betrug in beiden Fällen $d_0 = 12,5$ mm.

In jüngsten Untersuchungen über das beidseitige Querfließpressen von Stahl /14/ wird für eine Spalthöhe von $0,5 \cdot d_0$ die Verfahrensgrenze infolge einer Rißbildung am Flansch mit maximal $1,8 \cdot h_{St}/d_0$ angegeben. Das entspricht ungefähr einem Flanschdurchmesser von $2,0 \cdot d_0$. Die Untersuchungen zeigten, daß neben der Spalthöhe auch der Übergangsradius vom Schaft zum Flansch einen deutlichen Einfluß auf den Zeitpunkt der Rißentstehung hat. Ein scharfer Übergangsradius kann Risse bereits bei einem Flanschdurchmesser von $1,8 \cdot d_0$ bewirken. Bei Untersuchungen der Geometrie der Werkstücke zeigte sich, daß sich die Flanschdeckflächen nicht parallel, sondern aufgrund der Volumenkonstanz unter einem Winkel ausbilden. Für größere Spalthöhen treten auch größere Winkel auf. Bei einer Spalthöhe von $0,5 \cdot d_0$ betrug dieser Winkel an einseitig querfließgepreßten Werkstücken etwa 10° zur Ebene.

In /17/ wurde für das Querfließpressen eines rotationssymmetrischen Bundes ein Verfahren zur Bestimmung des Rißbeginns am Umfang eines Bundes vorgestellt. Die theoretischen Ableitungen werden mit Versuchen, unter anderem mit Aluminiumwerkstoffen, verglichen. Die Versuche ergaben, daß bei einer Spalthöhe entsprechend dem halben Rohteildurchmesser ein Verhältnis von Bundaußendurchmesser zu Rohteildurchmesser von maximal 1,4 erreicht wird, bevor der Bund anreißt.

Über das Aufbringen eines Gegendruckes zur Erhöhung des Formänderungvermögens, um somit auch spröde Werkstoffe querfließpressen, bzw. die fehlerfrei erreichbaren Flanschdurchmesser verbessern zu können, wird in /18, 19/ berichtet. In /18/ wird beschrieben, wie im Bereich des Spaltes ein sehr hoher Gegendruck von 800 N/mm^2 bis 1600 N/mm^2 durch einen weichen Matrixwerkstoff aufgebracht wird. Dadurch wurde die Rißbildung im Flansch, die ohne Gegendruck bei etwa $2,0 \cdot d_0$ einsetzte, unterdrückt. Der hydraulische Gegendruck in /19/ wurde von 150 N/mm^2 bis 400 N/mm^2 variiert und brachte bereits Verbesserungen bei den fehlerfrei erzielbaren Flanschdurchmessern von $1,9 \cdot d_0$ auf $2,5 \cdot d_0$ bei Kupferwerkstoffen und einer Spalthöhe von $0,4 \cdot d_0$.

1.2 VERFAHRENSKOMBINATIONEN BEIM FLIESSPRESSEN

Bisher wurden vorwiegend Verfahrenskombinationen mit gleichzeitig erfolgenden Teilabläufen genauer untersucht. Neuere Arbeiten behandeln die Kombinationen Napf-Vorwärts- und Napf-Rückwärts-Fließpressen /11, 20 bis 22/, Napf-Rückwärts- und Voll-Vorwärts-Fließpressen /21 bis 24/, Flanschstauchen mit Voll-Rückwärts-Fließpressen (Zapfenpressen) /25/ und Querfließpressen mit beidseitigem Napf-Rückwärts-Fließpressen /26/. Aus dieser Vielzahl von Verfahrenskombinationen soll hier nur die Verfahrenskombination aus Napf-Rückwärts- und Voll-Vorwärts-Fließpressen betrachtet werden. Da beide Teilvorgänge gleichzeitig ablaufen, stellt sich in Abhängigkeit vom Umformgrad der beiden Teilvorgänge ein freier Werkstofffluß ein. Die Länge des Zapfens wird um so größer, je größer die Querschnittsabnahme des Napfes ist. Umgekehrt wird die Höhe des Napfes um so kleiner, je größer die Querschnittsabnahme des Napfes ist.
Der Werkstofffluß kann durch die Werkzeugform, in diesem Falle den Matrizenöffnungswinkel beim Voll-Vorwärts-Fließpressen und die Stirnform des Napfstempels, beeinflußt werden. Eine weitere Einflußgröße ist die Reibung, die wiederum durch die Art des Schmierstoffs, die Größe der Berührfläche zwischen Werkstück und Werkzeug, die Rohteilabmessung sowie den Verschleißzustand des Werkzeugs beeinflußt wird /9/. Der Einfluß des Werkstoffs auf den Stofffluß ist durch eine zunehmende Verformungsinhomogenität mit zunehmendem Verfestigungsexponent gekennzeichnet /27/. Experimentelle Untersuchungen haben gezeigt, daß Verfahrenskombinationen mit freiem Werkstofffluß grundsätzlich eine geringere Umformkraft benötigen, als die zugehörigen Grundverfahren. Die Stempelkraft des Teilvorganges, der als Einzelvorgang die geringere Kraft benötigt, ist dabei eine obere Schranke für den Kraftbedarf der Kombination. Dieser Vorgang ist der in der Kombination dominierende Teilvorgang. In /22/ wurde dazu eine empirisch ermittelte Beziehung zur Kraftberechnung bei Verfahrenskombinationen angegeben.

Will man ein Werkstück mit eng tolerierten Längenabmessungen herstellen, so muß der freie Werkstofffluß begrenzt werden. Dies geschieht durch eine entsprechende Gestaltung der Werkzeuge, so daß ein Teilvorgang nach einem bestimmten Stempelweg zum Stillstand kommt /20/. Das damit verbundene plötzliche Umlenken des Stoffflusses kann jedoch zu Überlappungen und Faltenbildungen führen.

Die Geometrie eines mit der beschriebenen Verfahrenskombination zu fertigenden Hohlkörpers mit Zapfen ist also nicht frei wählbar, sondern wird stark vom freien Werkstofffluß des Vorgangs bestimmt. Außerdem kann der Napfboden im allgemeinen nicht eben ausgeführt werden. Auch der Übergang vom Napf zum Zapfen muß in der Regel kegelig ausgeführt werden, was bei großen Querschnittsänderungen zu entsprechend großen Bodendicken führt.

1.3 NAPF-VORWÄRTS-FLIESSPRESSEN NACH KUNOGI

Ein Sonderverfahren, mit dem Hohlkörper mit Zapfen hergestellt werden können, ist das Verfahren nach Kunogi /28, 29/. Es handelt sich um eine Kombination aus Napf-Vorwärts-Fließpressen, Aufweiten und Stauchen, mit der sich Näpfe mit sehr dicken Böden oder scharfkantigen Ansätzen fließpressen lassen (Bild 4). Das Verfahren wurde nur bis zu Napf-Außendurchmesser von $1{,}25 \cdot d_0$ untersucht. Die bezogene Stempelkraft p_{Stmax} hat ein Minimum bei $(d_0^2 - d_i^2/d_0^2) = 0{,}5$, und ist im Bereich $0{,}8 < d_0/d_1 < 1$ unabhängig von d_0/d_1. Die bezogene Kraft am Gegenstempel ist immer kleiner als die bezogene Stempelkraft, die für das Napf-Vorwärts-Fließpressen $(d_0/d_1 = 1)$ auftritt. Das Verfahren erfordert eine Anordnung des Gegenstempels derart, daß die Stempelstirn etwas unterhalb des Übergangs vom kegeligen in den zylindrischen Matrizenteil liegt, was zu entsprechend großen Bodendicken führt.

Die Form der Stirnseite des Gegenstempels hat keinen großen Einfluß auf die Stempelkraft. Kegelige Stirnflächen mit $2\alpha = 150^0$ oder flache Stirnflächen mit Abschrägung sind jedoch günstig hinsichtlich des Stoffflusses, d.h. einwandfreier Ausbildung der Näpfe.

1.4 DAS RAFLO-VERFAHREN

Ein neues Strangpreßverfahren zur Herstellung dünnwandiger Rohre mit

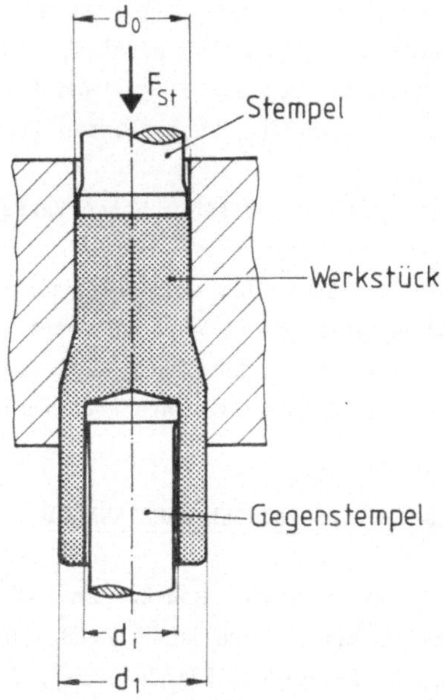

Bild 4: Napf-Vorwärts-Fließpressen nach Kunogi.

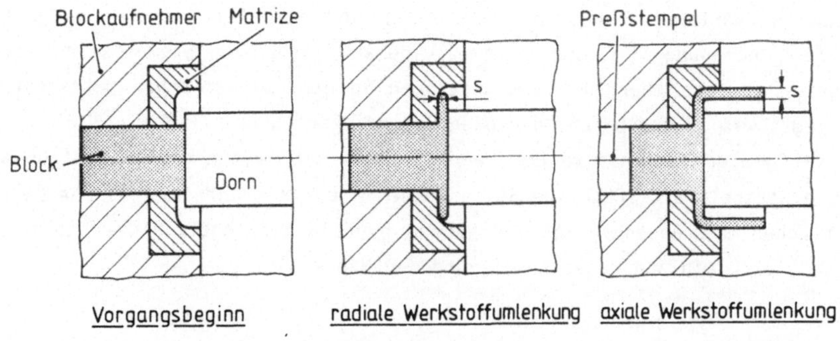

Bild 5: Prinzip des Raflo-Verfahrens.

großen Durchmessern ist das Raflo-Verfahren /30, 31/. Das Rohteil wird aus dem Blockaufnehmer durch einen Spalt zwischen Matrize und Gegenstempel gepreßt, so daß ein Flansch entsteht (Bild 5). Erreicht der Flansch den gewünschten Durchmesser, berührt sein Rand die Innenfläche des zylindrischen Abschnitts der Matrize. Dadurch wird der Werkstofffluß von einer radialen in eine axiale Richtung umgelenkt, wodurch ein rohrförmiger Körper entsteht. Die Höhe des Spaltes bestimmt die Flanschdicke und damit die Wanddicke des Rohres.

Beim konventionellen Rohrstrangpressen beträgt der Rohrdurchmesser etwa die Hälfte des Blockdurchmessers. Im Gegensatz dazu können beim Raflo-Verfahren Rohre mit doppeltem Blockdurchmesser hergestellt werden. In diesem Fall ist die Querschnittsfläche des Blockes nur 1/16 der Fläche, die man zur Herstellung eines Rohres der gleichen Abmessungen beim herkömmlichen Strangpressen benötigen würde. Durch dieses günstige Querschnittsverhältnis beträgt die erforderliche Preßkraft nur noch ca. 5 %. Es wird jedoch auf die hohen Kräfte hingewiesen, die entgegengesetzt der Stempelbewegung axial auf Matrize und Blockaufnehmer wirken.

Angaben über Ergebnisse der mit Kupfer- und Messinglegierungen durchgeführten experimentellen Untersuchungen sind auf einige Aussagen über die erzielten Genauigkeiten beschränkt. So nimmt die Wanddicke über der Rohrlänge zum Rohrende hin um ca. 10 % zu. Der Mittenversatz des Gegenstempels zur Aufnehmerbohrung hat nur geringen Einfluß auf die Ausbildung der Wanddicke, da der Gegenstempel nicht bestimmend für die Wanddicke ist. Neben den beschriebenen Vorteilen bietet das Raflo-Verfahren zusätzlich die Möglichkeit, durch Schließen einzelner Bereiche des Spaltes auch Rohrsegmente herzustellen.

1.5 FOLGERUNGEN FÜR DAS KOMBINIERTE QUER-NAPF-VORWÄRTS-FLIESSPRESSEN

Die Auswertung des Schrifttums und Ergebnisse aus eigenen Untersuchungen ergaben, daß durch Querfließpressen , auch bei geringen Spalthöhen der Größe $0,25 \cdot d_0$, in der Regel Flanschdurchmesser bis zu $2 \cdot d_0$ fehlerfrei hergestellt werden können. Voraussetzung ist ein entsprechend gutes Formänderungsvermögen des Werkstoffs, das gegebenenfalls durch entsprechende Glühbehandlungen eingestellt werden muß. Bevorzugte Stahlwerkstoffe sind kohlenstoffarme Stähle oder Einsatzstähle wie QSt 32-3, C 15 und

16 MnCr 5. Daraus wurde abgeleitet, daß auch für die Verfahrenskombination aus Querfließpressen und Napf-Vorwärts-Fließpressen Hohlkörperdurchmesser mit doppelten Ausgangsdurchmessern erreicht werden können.

Die Notwendigkeit, einen großen Auslaufradius am Übergang vom Schaft zum Flansch bzw. Hohlkörperboden auszuführen, muß bei der Werkzeugkonstruktion berücksichtigt werden. Da die Form des Gegenstempels nur sehr geringen Einfluß auf den Kraftbedarf hat, kann ein Gegenstempel mit ebener Stirnfläche und sehr kleinem Stempelkantenradius zum Einsatz kommen.

Wegen der zu erwartenden hohen rückwirkenden Axialkräfte auf die Matrize federt der Werkzeugverband entsprechend auf. Bei einer mechanischen formschlüssigen Koppelung von Unter- und Oberwerkzeug ist zu erwarten, daß der Werkzeugverband auch nach Beendigung des Preßvorgangs unter hoher Spannung bleibt, da der Spalt mit Werkstoff gefüllt ist. Diese rückwirkenden Kräfte müssen überwunden werden, um den Werkzeugverband öffnen zu können. Dazu muß eine entsprechende Vorrichtung vorgesehen werden.

Die im Schrifttum beschriebenen Erfolge bei der Unterdrückung von Rissen durch Aufbringen eines Gegendruckes, lassen es sinnvoll erscheinen, dieses Prinzip auch für das Kombinierte Quer-Napf-Vorwärts-Fließpressen anzuwenden. Ein Gegendruck kann dadurch aufgebracht werden, daß die Spalthöhe mit zunehmendem Flanschdurchmesser verringert wird. Dies kann durch eine kegelig gestaltete Matrizenstirnfläche geschehen. Der Kegelwinkel muß dabei steiler verlaufen als der Winkel, der sich zu Beginn des Vorgangs am Flansch ausbildet. Nach der Umlenkung des Werkstoffs kann ein Gegendruck aufgebracht werden, indem die Wanddicke im Hohlkörper gegenüber der Flanschdicke reduziert wird und nicht, wie beim Raflo-Verfahren, ein lediglich freies Umlenken erfolgt.

2 ZIELSETZUNG UND AUFGABENSTELLUNG

Ziel der Untersuchungen ist es, durch experimentelle und theoretisch-
rechnerische Untersuchungen das Kombinierte-Quer-Napf-Vorwärts-Fließpres-
sen zu analysieren und Grundlagen für die Anwendung dieses Verfahrens in
der Praxis zu erarbeiten. Dazu sollen an zwei ausgewählten Werkstoffen
die für das Kombinierte Quer-Napf-Vorwärts-Fließpressen wichtigen Vor-
gangskenngrößen wie Spannungs- und Formänderungsverteilung, Kraftbedarf,
Versagensfälle und Verfahrensgrenzen sowie mechanische und geometrische
Eigenschaften der Werkstücke systematisch ermittelt werden. Die Erstel-
lung einer Formenordnung sowie das Erarbeiten von Werkzeugkonzeptionen
zur Durchführung des Kombinierten Quer-Napf-Vorwärts-Fließpressens, sollen Einsatzmöglichkeiten für das Verfahren aufzeigen.

2.1 EXPERIMENTELLE UNTERSUCHUNGEN

In Versuchen soll geklärt werden, wie sich die Spaltgeometrie , Durchmes-
serverhältnis und der Werkstückwerkstoff auf Kraftbedarf, Werkzeugbelastung, Werkstückausbildung sowie auf die geometrischen und mechanischen
Eigenschaften auswirken. Die gewonnenen Erkenntnisse sollen die Möglichkeiten und Grenzen des Kombinierten Quer-Napf-Vorwärts-Fließpressens aufzeigen.
Aus den experimentellen Ergebnissen lassen sich systematische Zusammenhänge in analytischen Gleichungen, die die Haupteinflußgrößen enthalten,
darstellen. Eine solche Beziehung soll auch für das Kombinierte Quer-
Napf-Vorwärts-Fließpressen aufgestellt werden.
Visioplastische Stoffflußuntersuchungen sollen den Werkstofffluß und somit den Ablauf des Verfahrens in allen Stadien werkstückseitig erfassen.
Wie Untersuchungen des Querfließpressens ergeben haben, treten im
Flansch hohe tangentiale Zugspannungen auf /14/. Die Methode, Verschiebungen mittels auf längsgeteilten Proben aufgebrachter Liniennetze zu
ermitteln, ist daher nicht anwendbar. Die geteilten Proben klaffen bei
der Umformung bereits nach kurzem Stempelweg auseinander. Deshalb muß
auf Modellversuche ausgewichen werden, bei denen ein Muster mit zweifar-
big geschichteten Proben aus Plastilin erzeugt werden kann /32/. Ergän-
zend dazu soll der Werkstofffluß durch Ätzen längsgeteilter Proben
sichtbar gemacht werden. Aus den Stoffflußuntersuchungen können Rück-
schlüsse auf die Steuerung des Vorgangs in bezug auf fehlerfreie Herstel-

lung der Teile und optimale Gestaltung der Werkzeuggeometrie gewonnen werden. Diese Angaben sind außerdem für die rechnerische Behandlung des Verfahrens von Bedeutung, da zumindest qualitativ sinnvolle Annahmen über Form und Größe der Umformzone getroffen werden müssen.

Die Bestimmung der Formänderungsverteilung im Werkstück ermöglicht das Erfassen von Veränderungen der Werkstoffeigenschaften. Die Veränderung der mechanischen Eigenschaften durch die Kaltumformung kann durch Messung der räumlichen Härteverteilung ermittelt werden. Hieraus werden über den experimentell zu bestimmenden Zusammenhang zwischen Härte und Vergleichsformänderung die örtlichen Vergleichsformänderungen des umgeformten Fließpreßteils berechnet.

2.2 THEORETISCHE UNTERSUCHUNGEN

Während des gesamten Umformvorganges herrscht instationärer Werkstofffluß. Das heißt, Betrag und Richtung der Geschwindigkeit eines Werkstoffteilchens, das sogenannte Geschwindingkeitsfeld ändert sich während des Vorgangs. Dadurch wird die Berechnung des Vorgangs sehr aufwendig. Der gesamte Umformvorgang muß zur Berechnung in kleine Schritte aufgeteilt werden, in denen quasistationäres Verhalten mit guter Näherung angenommen werden kann.

Zur numerischen Analyse solcher Vorgänge wurde ein Finite-Elemente-Programm /33/ herangezogen, mit dessen Hilfe Spannungen und Formänderungen berechnet werden können. Die so ermittelte Spannungsverteilung im Werkstück ermöglicht Aussagen über die örtliche Werkzeugbeanspruchung, aber auch über die Beanspruchung des Werkstoffs und die Gefahr des Auftretens von Werkstückversagen. Die auf diese Weise ermittelte Formänderungsverteilung erlaubt die Beurteilung des Werkstoffflusses und ergänzt die experimentellen Stoffflußuntersuchungen. Darüber hinaus gibt die numerische Analyse des Verfahrens Aufschluß über die Ausbildung des Werkstücks während verschiedener Stadien im Vorgangsablauf.

Kraftbedarf und Kraft-Weg-Verlauf für den Vorgang können ebenfalls mit Hilfe der FE-Analyse ermittelt werden.

Für die Berechnung der auftretenden maximalen Stempelkräfte kam das Verfahren der oberen Schranke /34/ zur Anwendung.

Mit Hilfe der genannten Verfahren wird der Vorgang des Kombinierten Quer-Napf-Vorwärts-Fließpressens theoretisch erfaßt und der experimentellen Analyse gegenübergestellt.

3 VERFAHRENSANALYSE

3.1 VERFAHRENSBESCHREIBUNG

3.1.1 Verfahrensprinzip

Der Werkstoff fließt radial durch einen während des gesamten Vorgangs konstanten Spalt, der von Matrizenstirnfläche und Gegenstempel gebildet wird. Anschließend wird der so entstandene Flansch umgelenkt, so daß ein Hohlkörper entsteht. Die zwei wichtigsten Vorgangsgrößen sind dabei die Höhe des Spaltes, die die Dicke des Flansches bestimmt und die Breite des Ringspaltes, die die Wanddicke des Hohlkörpers bestimmt.
Bei der Betrachtung des Verfahrens müssen zwei Fälle unterschieden werden:

1. Die Breite des Ringspaltes ist kleiner als die Höhe des Spaltes, wie in Bild 6 gezeigt. In diesem Fall befindet sich die formgebende Werkzeugöffnung für den Hohlkörper hinter der Umlenkung. Die Wanddicke ist durch diese Werkzeugöffnung eindeutig bestimmt. Durch die Verringerung der Wanddicke wird ein Gegendruck auf das Werkstück aufgebracht, der bekannterweise das Formänderungsvermögen des Werkstoffs erhöht.

2. Die Breite des Ringspaltes ist größer als oder gleich der Spalthöhe. In diesem Fall wird die formgebende Werkzeugöffnung durch den Abstand zwischen Matrizenstirnfläche und Gegenstempel bestimmt. Der Flansch wird frei umgelenkt. Somit wird auch die Wanddicke durch den Abstand Matrizenstirnfläche - Gegenstempel bestimmt (Raflo-Verfahren).

3.1.2 Werkstückspektrum

Das Kombinierte Quer-Napf-Vorwärts-Fließpressen erlaubt eine Vielzahl von Hohlkörperformen, die in Anlehnung an VDI 3138 Blatt 1 in einer Formenordnung in Bild 7 zusammengestellt sind. Die Hohlkörper können innen und/oder außen profiliert sein, wobei Vertiefungen oder Erhebungen möglich sind. Der Hohlkörperquerschnitt kann einfach oder mehrfach unterbrochen sein. Als Beispiel sei hier ein Klauenteil für mechanische

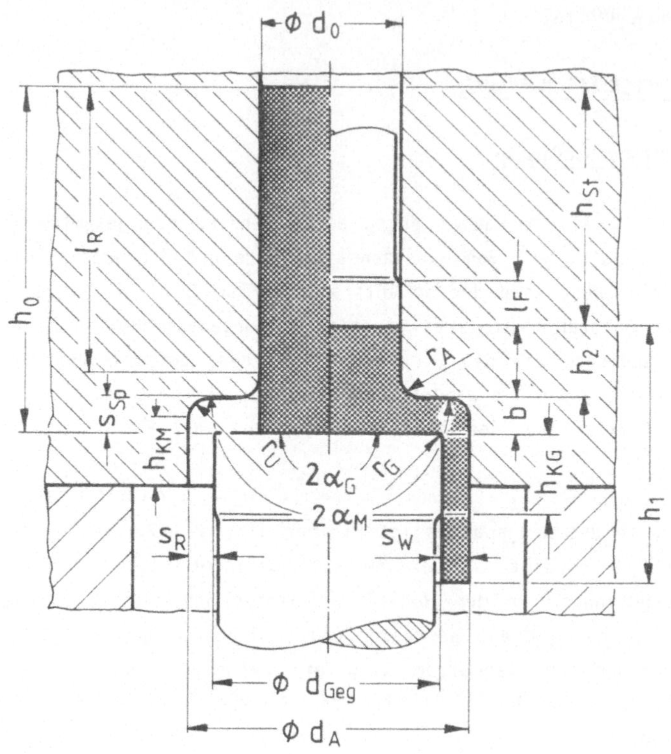

b = Bodendicke	l_R = Reiblänge
d_0 = Rohteildurchmesser	l_F = Führungslänge
d_A = Außendurchmesser	r_A = Auslaufradius
d_{Geg} = Gegenstempeldurchmesser	r_G = Gegenstempelkantenradius
h_0 = Rohteilhöhe	r_U = Umlenkradius
h_1 = Werkstückhöhe	s_{Sp} = Spalthöhe
h_2 = Schafthöhe	s_R = Ringspaltbreite
h_{KM} = Kalibrierlänge d.Matrize	s_W = Wanddicke
h_{KG} = Kalibrierl.d.Gegenstempels	$2\alpha_M$ = Matrizenöffnungswinkel
h_{St} = Stempelweg	$2\alpha_G$ = Kegelwinkel d. Gegenstempel

Bild 6: Bezeichnungen beim Kombinierten Quer-Napf-Vorwärts-Fließpressen.

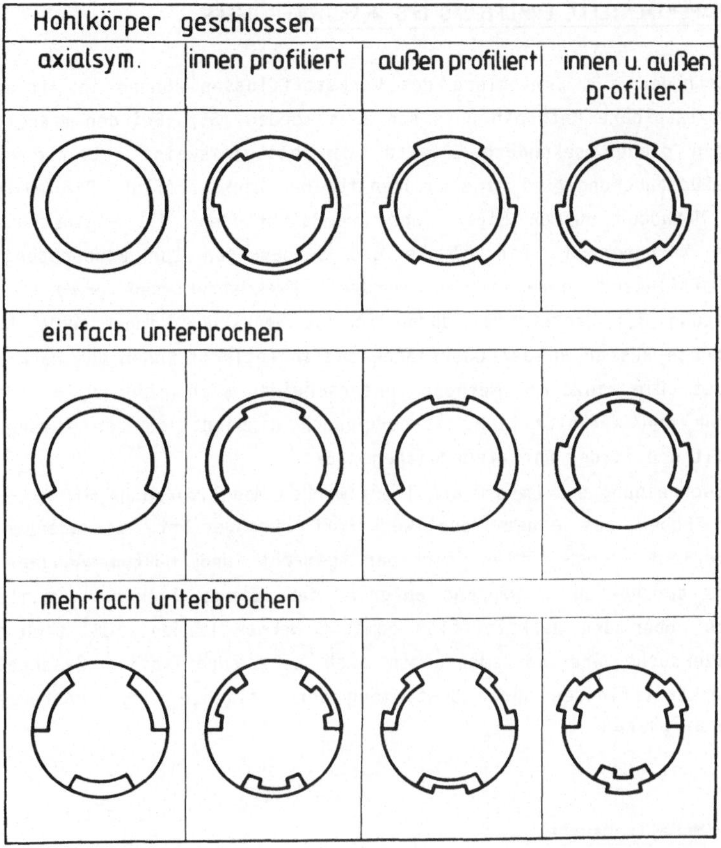

Bild 7: Formenordnung für Teile, die durch Kombiniertes Quer-Napf-Vorwärts-Fließpressen hergestellt werden können.

Kupplungen genannt. An der Stelle, an der sich die Werkzeugteilung befindet, können Hinterschneidungen gepreßt werden. Die Form des Bodens kann nahezu beliebig gestaltet werden.

Weiterhin ist denkbar, daß die Form des Zapfens durch Kombinationen mit weiteren Verfahren verändert wird. In Frage kommt beispielsweise Napf-Rückwärts-Fließpressen.

3.2 EXPERIMENTELLE ERMITTLUNG DES WERKSTOFFFLUSSES

Die Methoden zur Ermittlung des Werkstoffflusses können in mittelbare
und unmittelbare Methoden unterschieden werden /35/. Bei den mittelbaren
Methoden dienen sekundäre Effekte, wie beispielsweise örtliche Härte-
und Gefügeänderungen als Indikatoren für den Werkstofffluß. Die unmittel-
baren Methoden nutzen Eigen- und Fremdstrukturen. Als Eigenstrukturen
können Korngrenzen, Einschlüsse und Seigerungen zur Beobachtung des
Werkstoffflusses herangezogen werden. Fremdstrukturen werden durch
Schichtung des Werkstoffs, durch in das Werkstück eingebrachte Stifte
oder durch Raster an der Oberfläche und in Teilungsebenen des Werkstücks
gebildet. Die einzelnen Methoden unterscheiden sich nicht nur im Indika-
tor für den Werkstofffluß, sondern auch hinsichtlich der Aussagemög-
lichkeit und in den Einsatzbereichen /36/.
Zur Beschreibung des Umformverhaltens wurden Modellversuche mit geschichteten Proben aus einem Modellwerkstoff durchgeführt, Korngrenzen und
Faserverlauf durch Ätzen sichtbar gemacht und Härtemessungen nach
Vickers durchgeführt. Während aufgrund der Gefügebilder nur qualitative
Aussagen über den Werkstofffluß gemacht werden können, läßt sich durch
Modellversuche und Härtemessungen auch eine quantitative Beschreibung
des Werkstoffflusses durch Bestimmung der örtlichen Vergleichsformände-
rungen erreichen.

3.2.1 Modellversuche

Zur Durchführung der Modellversuche wurde ein handelsübliches Plastilin
verwendet, das aus einer Mischung von 50 % Harz, 25 % Mikrowachs und
25 % Kaolin besteht. Dieser Modellwerkstoff hat sich in zahlreichen ·
Versuchen gut bewährt /37/. Die Fließkurve des Modellwerkstoffs, die
sehr stark temperatur- und geschwindigkeitsabhängig ist, zeigt Bild 8.
Durch Hinzufügen von Kohlenstoff kann der Modellwerkstoff schwarz einge-
färbt werden, um eine zweifarbige Schichtung der Proben zu ermöglichen.
Die Proben waren vertikal und horizontal geschichtet, so daß nach
Längsteilung der Proben ein quadratisches Muster sichtbar wurde. Nach
jeder Schichtung wurden die Proben erwärmt, um einen guten Zusammenhalt
der Schichten zu erreichen. Die Dicke der Schichten betrug 3 mm.
Die Versuche wurden mit einem Modellwerkzeug im vergrößerten Maßstab

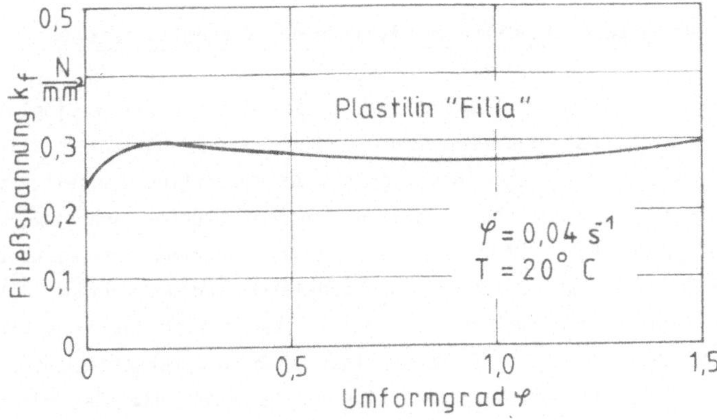

Bild 8: Fließkurve des Modellwerkstoffes Filia.

2,75:1 durchgeführt. Um den Umformvorgang beobachten zu können, wurde die Matrize aus Acrylglas gefertigt. Zur Schmierung diente Vaseline. Wegen der aufwendigen Probenherstellung wurden die Modellversuche auf eine Werkzeuggeometrie beschränkt. Einen Eindruck über die großen Formänderungen, gekennzeichnet durch die stark gestauchten Schichten an der Unterseite des Werkstücks, vermittelt Bild 9. Allerdings scheren die axial verlaufenden Schichten nach der ersten Umlenkung ab. Dadurch wird eine Auswertung unmöglich gemacht. Abhilfe ergaben Proben, die nur in Axial- bzw. Radialrichtung geschichtet wurden. Nach der Umformung wurden diese Muster fotografiert und anschließend übereinander projiziert. Daraus entstanden eindeutige Schnittpunkte zwischen Radial- und Axiallinien, die ausgemessen werden konnten.

Bild 9: Längsgeteilte Probe aus Modellversuch.

3.2.1.1 Auswertung mit Hilfe der Methode der Visioplasticity

Zur Auswertung der Modellversuche wurde die Methode der Visioplasticity herangezogen. Da es sich beim Kombinierten Quer-Napf-Vorwärts-Fließpressen um einen Vorgang mit instationärem Werkstofffluß handelt, muß die Auswertung für jeweils sehr dicht aufeinanderfolgende Schritte des Umformvorgangs erfolgen. Dazu wurde ein Rechnerprogramm verwendet, dem die im folgenden kurz beschriebene Vorgehensweise zugrunde liegt /38/. Anhand des Musters der umgeformten Proben lassen sich die Verschiebungen der Rasterpunkte ausmessen. Daraus läßt sich das Verschiebungsfeld für den jeweiligen Umformschritt bestimmen. Da sich die Geschwindigkeit eines Werkstoffteilchens entlang einer Stromlinie (die angenähert der Bahnlinie entspricht) von einem Meßrasterpunkt zum nächsten ändert, wird mit der mittleren Geschwindigkeit eines imaginären Punktes, der auf der Mitte der geraden Verbindungslinie zwischen zwei Rasterpunkten liegt, gerechnet. Aus diesem Grunde ist es wichtig, das Meßraster so engmaschig wie möglich zu wählen. Bei starken Umlenkungen, wie sie beim Kombinierten Quer-Napf-Vorwärts-Fließpressen auftreten, können die Geschwindigkeitsänderungen nur unzureichend erfaßt werden.

Im Verlauf eines nächsten Rechenschrittes wird das gewonnene Geschwindigkeitsfeld auf die Knotenpunkte eines normierten Netzes umgerechnet. Für dieses normierte Netz wird nun die Verteilung der Formänderungsgeschwindigkeiten mit Hilfe von Differenzenquotienten bestimmt. Auf die Bestimmungsgleichungen der Verzerrungsgeschwindigkeitskomponenten (in Richtung der Achsen eines Zylinderkoordinatensystems) soll nicht näher eingegangen werden; es sei hier auf die Ausführungen in /38/ verwiesen. Gleiches gilt auch für die Formänderungen und die Vergleichsformänderungen, die in einem nächsten Schritt bestimmt werden.

Alle berechneten Werte werden dann wieder auf die Punkte des tatsächlichen Meßrasters zurückinterpoliert. Ergebnisse dieser Berechnung werden im folgenden diskutiert.

3.2.1.2 Ergebnisse

Das verzerrte Meßraster wurde zunächst zur Kontrolle der Daten ausgeplottet. Nach Berechnung der örtlichen Vergleichsformänderungen wurden diese durch Linien gleicher Werte dargestellt. In Bild 10 ist auf der linken

Hälfte das verformte Meßraster und auf der rechten Hälfte die Verteilung der örtlichen Vergleichsformänderungen ε_v dargestellt. Es sind die Zustände kurz vor und kurz nach der Umlenkung zu sehen. Der Außendurchmesser des Hohlkörpers beträgt $2 \cdot d_0$, die Spalthöhe $0,25 \cdot d_0$ und die Ringspaltbreite $0,75 \cdot s_{Sp} = 0,1875 \cdot d_0$. Als Maß für die Umformung diente der bezogene Stempelweg h_{St}/d_0.

Das Meßraster zeigt deutlich abwechselnd kleinere und größere Abstände zwischen den Rasterlinien in beiden Richtungen, hervorgerufen durch die unterschiedliche Dicke der verschiedenfarbigen Werkstoffschichten. Der schwarz eingefärbte Modellwerkstoff läßt sich offensichtlich weniger gut umformen, wodurch diese Schichten geringfügig dicker in der Höhe sind als der nicht eingefärbte Modellwerkstoff. Auch in Bild 9 sind die unterschiedlichen Schichtdicken deutlich zu erkennen.

Die ermittelten Vergleichsformänderungen erreichen ihre Höchstwerte an der Unterseite des Werkstücks, die an der Stirnseite des Gegenstempels liegt. Die Größtwerte nehmen von $\varepsilon_v = 1,6$ vor der Umlenkung auf $\varepsilon_v = 3,5$ nach der Umlenkung zu. Die Umformzone beschränkt sich auf den

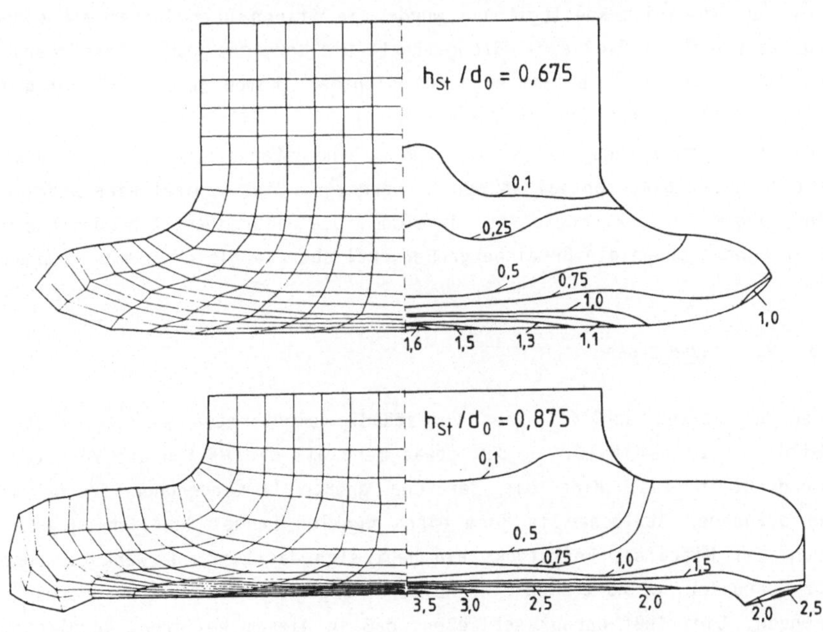

Bild 10: Vergleichsformänderungen aus Modellversuch.

Bereich des Spaltes. Innerhalb dieser Zone nehmen die Vergleichsformänderungen in Richtung des Gegenstempels immer mehr zu. Die größte Zunahme
erfolgt jedoch erst in einem sehr schmalen Bereich direkt am Werkstück-
rand. Dieses Gebiet sehr großer Vergleichsformänderungen wird mit zunehmendem Stempelweg mehr und mehr auf einen schmalen Streifen an der
Unterseite des Werkstücks zusammengedrängt. Im Bereich des Schaftes
oberhalb des Auslaufradius sind die Vergleichsformänderungen so gering,
daß dieser Bereich näherungsweise als starr angenommen werden kann.

3.2.2 Ätzen von Schliffen

Der Werkstofffluß zu einem bestimmten Zeitpunkt kann durch die Sichtbar-
machung des Faserverlaufs oder durch die Verformung der Korngrenzen
gezeigt werden. Dies kann durch geeignete Ätzverfahren geschehen. Für
QSt 32-3 wurde die Entwicklung des Gefüges durch Ätzen mit 1%iger
alkoholischer Salpetersäure sichtbar gemacht. Wegen des sehr feinkörni-
gen Gefüges sind die Kornverzerrungen jedoch schlecht zu erkennen.
Bei der Aluminium-Knetlegierung wurde die Ätzung nach Tucker mit einem
Zusatz von 0,1 % Flußsäure durchgeführt. Die Bereiche großer Formänderungen waren zwar mit bloßem Auge gut sichtbar, kamen jedoch auf Fotogra-
phien nicht so deutlich zum Vorschein.
Bei den Proben aus AlMgSi 0,5 führt eine starke Umformung zu einem
erhöhten Energiepotential an den Korngrenzen. Dies bewirkt eine stärkere
Anätzung der stark umgeformten Bereiche. Die dadurch entstehenden Ätzlöcher kennzeichnen die Bereiche großer örtlicher Vergleichsformänderungen.

3.2.2.1 Ergebnisse

Den angeätzten Schliff eines vollständig umgeformten Werkstücks zeigt
Bild 11. In dem Bild, in dem etwas mehr als die Hälfte des Werkstücks
dargestellt ist, sind die Bereiche großer Formänderungen durch die
entstandenen Ätzlöcher in Form eines dunklen Bandes deutlich zu erkennen. Zur Mitte des Werkstücks hin hebt sich das Band vom Werkstückboden
ab. Darunter befindet sich eine helle Zone geringerer örtlicher Formänderungen. Dies läßt darauf schließen, daß in diesem helleren, kegelförmi-
gen Bereich der Werkstofffluß nahezu zum Erliegen kommt. Der nachfließende Werkstoff fließt über diese tote Zone ab.

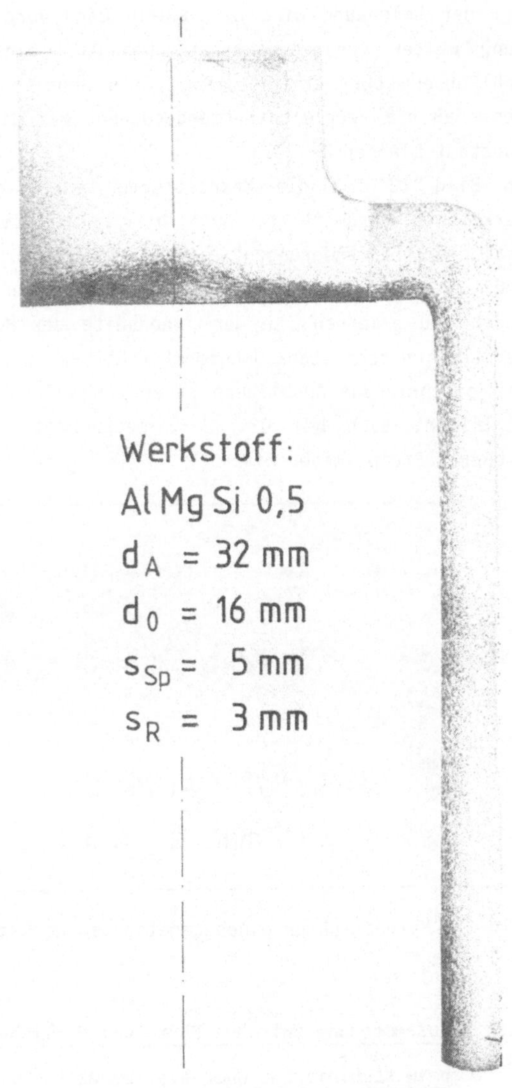

Bild 11: Werkstofffluß, sichtbar gemacht durch geätzten Schliff.

Bei der Umlenkung wird das dunkle Band durch die Querschnittsverminderung weiter zusammengedrängt. Das Band bleibt an der Innenseite des
Hohlkörpers über der gesamten Länge erhalten. Dies läßt darauf schließen, daß die Vergleichsformänderungen über die Hohlkörperlänge annähernd
konstant bleiben.

In Bild 12 ist die Makrostruktur eines aus AlMgSi 0,5 umgeformten
Werkstücks dargestellt. Auch hier sind die schmalen Bereiche großer
örtlicher Formänderungen, gekennzeichnet durch stark verzerrte Körner
und die tote Zone weniger stark verzerrter Körner in der Mitte des
Bodens zu erkennen. An der Innenseite der Hohlkörperwand ist ebenfalls
der Bereich sehr stark umgeformter Körner zu sehen.

Die beschriebene Ausbildung einer toten Zone wurde bei allen angeätzten
Schliffen, auch bei QSt 32-3, beobachtet. Sie stellt sich erst bei
größeren Stempelwegen ein.

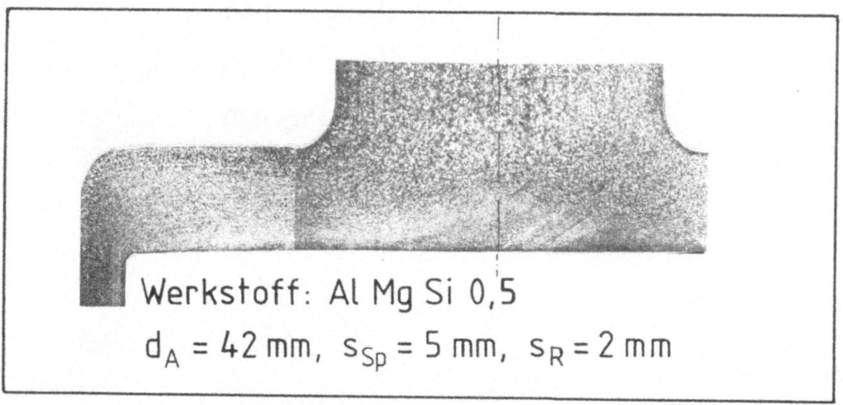

Bild 12: Makrostruktur eines umgeformten Werkstücks.

3.2.3 Zusammenhang zwischen Härte und örtlichen Vergleichsformänderungen beim Kombinierten Quer-Napf-Vorwärts-Fließpressen

In früheren Untersuchungen wurde nachgewiesen, daß ein Zusammenhang
zwischen Härte und Vergleichsformänderung besteht, so daß von der Härte
auf ε_v geschlossen werden kann /38/.

Um aus den ermittelten Härtewerten die Vergleichsformänderungen ε_v bestimmen zu können, muß der Zusammenhang $\varepsilon_v = f$ (Härte) bekannt sein.
Dieser Zusammenhang wird bei einem Vorgang mit homogenem Werkstofffluß

ermittelt. Wird bei jeder Vergrößerung des Vergleichsumformgrades die jeweilige Härte gemessen, so kann der Zusammenhang zwischen der Härte und dem Vergleichsumformgrad für diesen bestimmten Werkstoff angegeben werden. Der damit gefundene Zusammenhang kann auf andere Werkstoffe allerdings nur dann übertragen werden, wenn die Fließkurven genau übereinstimmen. Nach /39/ bietet der Stauchversuch nach Rastegaev gute Voraussetzungen bezüglich homogener Umformung.

Ein Zusammenhang zwischen Vickershärte HV 30 und der Vergleichsformänderung ε_v für den Werkstoff QSt 32-3 (normalgeglüht) wurde bereits in /14/ bestimmt. Zur Ermittlung dieses Zusammenhangs für den Werkstoff AlMgSi 0,5 wurden 30 Stauchproben nach Rastegaev zwischen $\varphi = 0,1$ und 1,6 umgeformt. Der Durchmesser der Stauchproben betrug 10 mmm, die Höhe 16 mm. Die Versuchsdurchführung erfolgte in Anlehnung an Empfehlungen in /39/. Der Umformgrad der Proben wurde zur Sicherheit aus der Durchmesser- und der Höhenänderung ermittelt. Dabei ergaben sich geringe Abweichungen zwischen den beiden Methoden, die für eine spätere Auswertung zu einem Mittelwert zusammengefaßt wurden.

Die gestauchten Proben wurden in der Mittelebene längsgeteilt und poliert. Anschließend wurden gleichmäßig über die Fläche verteilt je Probe ca. 12 Messungen durchgeführt. Die Messungen beweisen eindeutig die sehr gute homogene Umformung, selbst bei $\varphi = 1,6$.

In Bild 13 ist der Zusammenhang zwischen der Vickershärte und der Vergleichsformänderung für die beiden Werkstoffe QSt 32-3 aus /14/ und AlMgSi 0,5 dargestellt. Der in einer Potenzfunktion darstellbare mathematische Zusammenhang lautet:

$$\text{QSt 32-3} \quad : \text{HV30} \quad = \quad 185 \cdot \varepsilon_v^{0,180} \tag{1}$$

$$\text{AlMgSi 0,5} : \text{HV0,3} = 55 \cdot \varepsilon_v^{0,125} \tag{2}$$

Diese Beziehungen sind durch die strichpunktierten Kurven innerhalb der Streubereiche (ausgezogene Kurven) dargestellt. Für die Auswertung der Meßergebnisse wurden die Kurven bis zu den benötigten Härtewerten extrapoliert.

Der flache Verlauf der Kurve für AlMgSi 0,5 erhöht die Unsicherheit bei der Bestimmung der ε_v-Werte. Darüber hinaus ist die Streuung der gemessenen Härtewerte bei AlMgSi 0,5 aufgrund der geringen Prüfkraft etwas größer. Deshalb können vor allem bei größeren Härtewerten nur näherungsweise Aussagen über die auftretenden Vergleichsformänderungen gemacht werden.

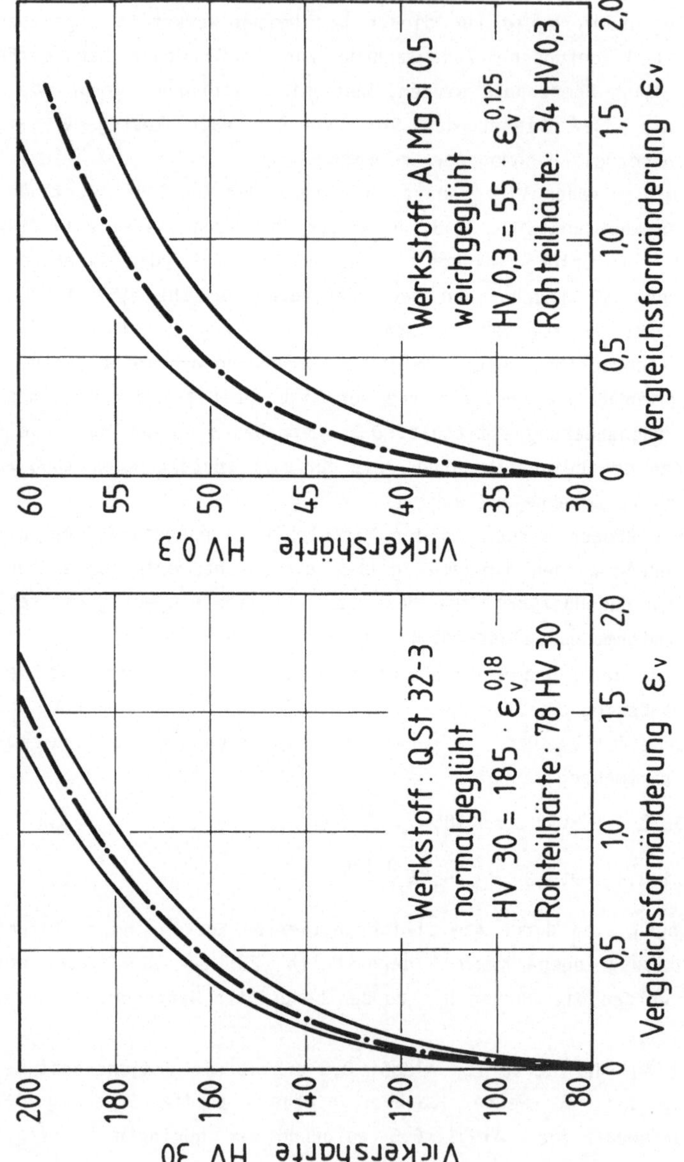

Bild 13: Zusammenhang zwischen Härte und örtlicher Vergleichsformänderung.

3.2.3.1 <u>Ergebnisse</u>

Wegen der exakteren Beziehung für den Zusammenhang zwischen Härte und ε_v wurde für die Berechnung der Vergleichsformänderungen in erster Linie Werkstücke aus QSt 32-3 ausgewählt. Da nur bis zu einem Abstand von 0,4 mm zum Rand gemessen werden konnte, wurden die Werte in den Randbereich extrapoliert. Bild 14 zeigt für die beiden gleichen Augenblicksformen und für die gleiche Geometrie wie bei den Modellversuchen, die aus Härtemessungen ermittelten Vergleichsformänderungen. Dargestellt sind wiederum Linien konstanter Vergleichsformänderungen. Auffallend ist, daß auch hier, wie bei den Modellversuchen beobachtet, die größten Formänderungen nicht in der Mitte im Bereich der Mittelachse, sondern etwas außermittig auftreten. Dies bestätigt die schon bei den Korngrenzenätzungen gemachten Beobachtungen, wonach es in der Mitte eine tote Zone gibt, in der der Stofffluß annähernd zum Erliegen kommt.

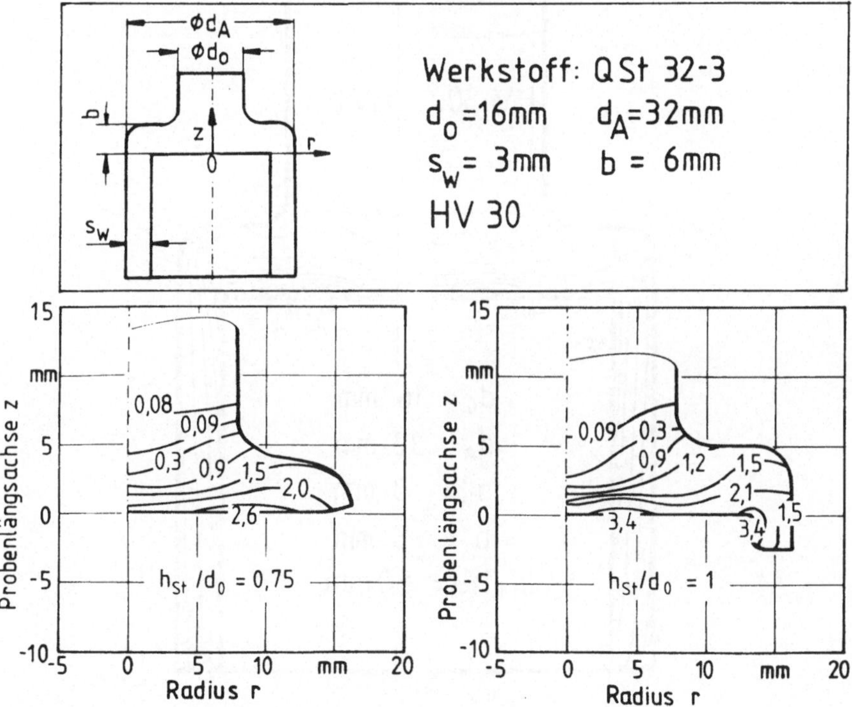

Bild 14: Vergleichsformänderungen aus Härtemessungen.

Die größten Werte der Vergleichsformänderung liegen vor der Umlenkung bei ε_v = 2,6 und nach der Umlenkung bei ε_v = 3,4
In Bild 15 ist die Verteilung der Vergleichsformänderungen in einem vollständig umgeformten Werkstück gezeigt. Links sind die an einem Werkstück aus QSt 32-3 und rechts die an einem Werkstück aus AlMgSi 0,5 ermittelten Vergleichsformänderungen dargestellt. Insgesamt ergibt sich grundsätzlich das gleiche Bild für beide Werkstoffe. Entsprechend dem größeren Stempelweg von h_{St} = 60 mm gegenüber dem Stempelweg von 16 mm bzw. 11 mm in Bild 14 haben sich die ε_v-Werte weiter erhöht. Mit der genannten Einschränkung bezüglich der Streuung bei Härtemessungen und bei der Umrechnung in ε_v, wurden Vergleichsformänderungen von bis zu ε_v = 7,0 bei QSt 32-3 und ε_v = 9,0 bei AlMgSi 0,5 ermittelt. Die Linien ε_v = const. verlaufen im Hohlkörper ungefähr parallel zueinander und

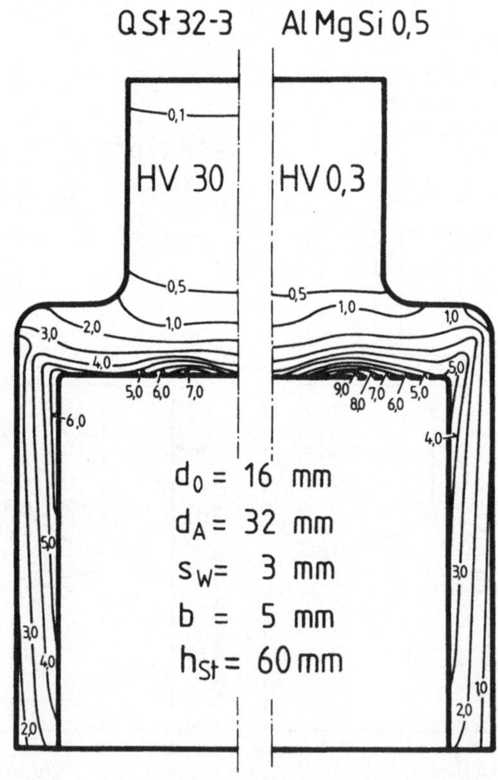

Bild 15: Aus Härtemessungen ermittelte Vergleichsformänderungen.

annähernd parallel zur Hohlkörperwand. Durch die Querschnittsverminderung bei der Umlenkung nehmen die ε_v-Werte im Bereich der Hohlkörperwand nur geringfügig zu. Nach der Umlenkung findet keine weitere Umformung mehr statt.

Bei dem Werkstück aus AlMgSi 0,5 liegen die größten ε_v-Werte etwas weiter außen und erreichen am Boden höhere und in der Hohlkörperwand niedrigere Werte als bei dem Werkstück aus QSt 32-3.

3.3 UNTERSUCHUNG MIT DER METHODE DER FINITEN ELEMENTE

Zur numerischen Analyse des Kombinierten Quer-Napf-Vorwärts-Fließpressens wurde ein Finite-Element-Programm verwendet, das am Institut für Umformtechnik entwickelt wurde. Das Programm PLADAN (Plastic Deformation Analysis) arbeitet auf der Grundlage des starrplastischen Werkstoffmodells (Levy-Mises). Das Programm erlaubt die Analyse komplizierter Verfahren mit komplexen Werkzeuggeometrien, unter Berücksichtigung der Reibung.

Als Elemente wurden axialsymmetrische, isoparametrische Viereckselemente mit 4 Knoten verwendet. Eine genaue Beschreibung wird in /40/ gegeben.

Zur Beschreibung der Werkstoffeigenschaften wurden die ermittelten Fließkurven der Werkstoffe als Potenzfunktion angegeben (siehe Gln. (1) und (2)). Als Reibzahl wurde μ = 0,05 angenommen.

Die Kontur des Werkzeugs wurde durch Polygonzüge mit insgesamt 24 Punkten angenähert. Aus der komplizierten Werkzeugkontur ergeben sich schwierig zu erfassende Kontaktprobleme. Nach jedem Zeitschritt wird daher die idealisierte Werkstückgeometrie auf Kollision mit dem Werkzeug überprüft, um ein Anlegen des Werkstoffs an die Werkzeugkontur erfassen zu können. Bei Kollision der Struktur mit der Werkzeugkontur wird die Geschwindigkeit an den Begrenzungsflächen zwischen Werkstück und Werkzeug neu berechnet. Es bestand das Problem, daß die kollidierenden Knotenpunkte aufgrund ihrer hohen Geschwindigkeit häufig in die Werkzeugkontur eindrangen. Eine anschließende Korrektur auf die Werkzeugkontur hatte eine unzulängliche Deformation der Elemente mit entsprechenden Volumenverlusten zur Folge. Abhilfe schaffte die Einführung eines variablen Zeitinkrementes, bei dem nach jedem Lastschritt überprüft wird, ob Randpunkte der Struktur des Werkstücks im folgenden Zeitschritt mit der Werkzeugkontur kollidieren bzw. das Werkzeug durchdringen. Ist das der

Fall, wird der Zeitschritt so reduziert, daß der der Werkzeugkontur am nächsten liegende Randpunkt beim folgenden Zeitschritt genau auf der Werkzeugkontur zum Anliegen kommt. Es wird sofort deutlich, daß bei einer komplexen Struktur mit vielen Randpunkten die Rechenzeit durch entsprechende Zeitschrittreduzierungen stark ansteigt.

3.3.1 Diskretisierung des Werkstücks

Die Rechenzeit des FE-Programms ist stark von der Anzahl der Elemente und der Wahl der Zeitschrittgröße abhängig. Wegen der scharfen Umlenkung des Werkstoffflusses und der hohen Formänderungen an der Unterseite des Werkstücks muß im Bereich des Spaltes fein idealisiert werden. Kleine Zeitschritte sind nötig, um ein fehlerloses Fließen des Werkstoffs um die Radien zu ermöglichen. Dadurch steigt die Rechenzeit für die untersuchte Geometrie auf ca. 2 Stunden Rechenzeit für einen Stempelweg von 15 mm auf dem CRAY-1M-Vektorrechner.

In Bild 16 ist das idealisierte Werkstück dargestellt. Die Struktur wurde in 352 Ringelemente mit 391 Knoten eingeteilt und besaß 352 Druckfreiheitsgrade (Lagrangesche Multiplikatoren) und 782 Verschiebungsfreiheitsgrade. Die wiedergegebenen Strukturen enthalten bereits nach kurzem Stempelweg stark deformierte Elemente.

Nach einem Stempelweg von 15 mm, was einer bezogenen Höhenänderung ε_h von 63 % entspricht, sind die Elemente so stark verzerrt, daß die Berechnungen nicht mehr innerhalb der vorgegebenen Grenzen konvergieren. Aber auch bereits im früheren Stadium, vor der Umlenkung, erreichen die Elemente an der Werkstückunterseite so hohe Umformgrade, daß die Ergebnisse lokal unsicher erscheinen. Zur Lösung dieser Probleme wurde ein Prozessor zur Netzneugenerierung stark verzerrter Netze entwickelt, der im folgenden kurz beschrieben wird.

3.3.2 Netzneugenerierung des verzerrten Netzes

Der Vorgang der Netzneugenerierung wurde so weit wie möglich automatisiert, um Zeit bei der Analyse des gesamten Vorgangs einzusparen. In dem FE-Programm wird nach einer vorgegebenen Anzahl von Zeitschritten die Form der Elemente geprüft. Die einzelnen Elemente werden dazu in Drei-

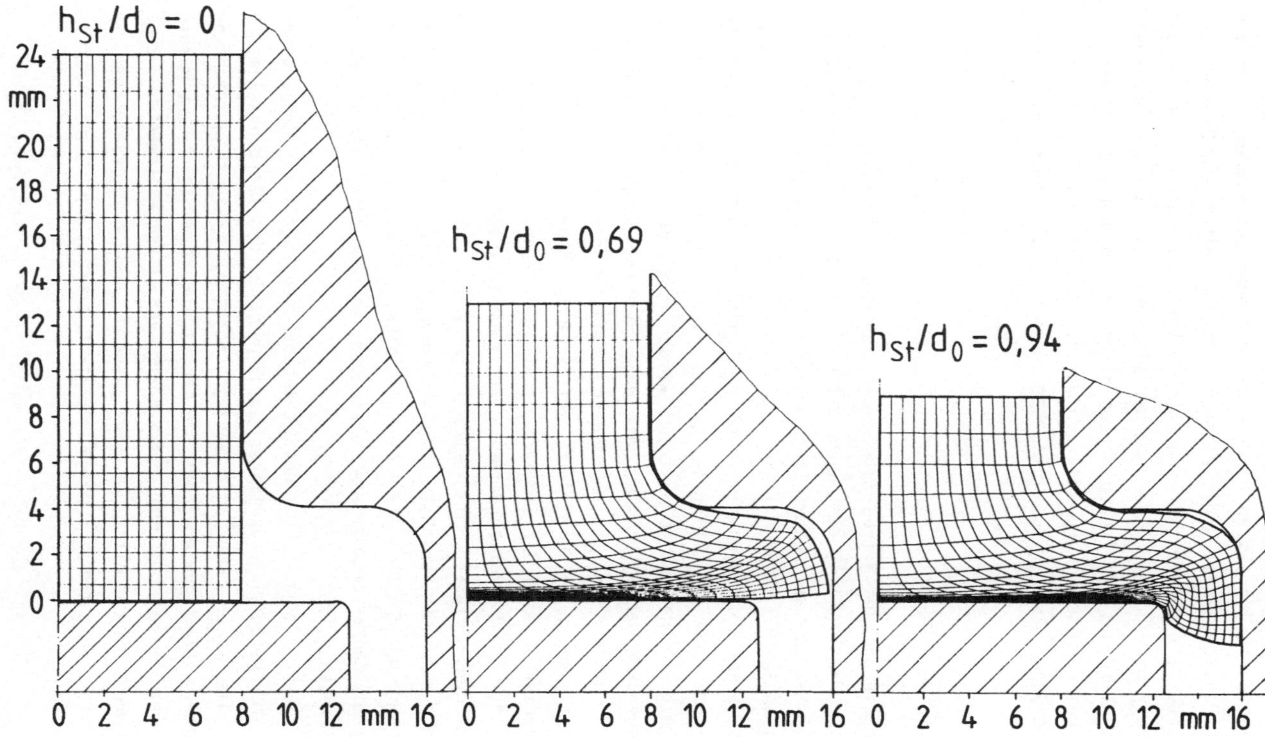

Bild 16: Idealisierung des Werkstücks für die FE-Simulation.

ecke aufgeteilt. Als Maß für die Verzerrung der einzelnen Elemente wird das Verhältnis von Inkreis zu Umkreis der Dreiecke angenommen, sowie das Verhältnis Höhe zu Breite jedes Elements. Überschreitet ein Element den kritischen Wert, wird die Rechnung abgebrochen, und alle zur Fortsetzung der Rechnung notwendigen Daten werden auf einen Restartfile abgespeichert. Die Wahl des kritischen Wertes stellt darin ein Problem dar, da bis jetzt keine Entscheidungskriterien vorliegen, wann ein Element bezüglich seiner Genauigkeit einen kritischen Verformungszustand erreicht hat.

3.3.2.1 Vorgehensweise

Zur Neugenerierung des Netzes werden die Knotenpunktskoordinaten und die topologische Beschreibung des neuen Netzes unter der Randbedingung, daß die Werkstückkontur zu diesem Zeitpunkt erhalten bleibt, erstellt. Anschließend werden die Feldwerte vom alten auf das neue Netz interpoliert. Mit Hilfe eines Netzgenerators, der in das interaktive, graphische Programmsystem INGA /41/ eingebettet ist, kann durch wenige Kommandos die Erzeugung der Netzdaten gesteuert werden. Die interaktive Auslegung des Netzgenerators ermöglicht es, die Daten bei der Eingabe zu kontrollieren und falsche Eingaben zu ändern. Zudem kann das erzeugte Netz anhand einer graphischen Darstellung auf dem Bildschirm beurteilt werden. Zur Neugenerierung wird die Struktur in wenige Flächenzellen aufgeteilt. Die Ränder der Flächenzellen können durch eine Vielfalt von Kurvenformen begrenzt werden. Zulässig sind neben Polygonzügen, Splines und Kreisbögen auch aus mehreren Kurvenstrecken zusammengesetzte Kurvenstücke. Eine Approximation der Strukturgeometrie ist nicht notwendig, was bei der Behandlung des Kontaktproblems zwischen idealisiertem Werkstück und Werkzeug von Bedeutung ist.
Innerhalb dieser Flächenzellen werden automatisch regelmäßig Netze generiert. Um die Netzdichte variieren zu können, wurden Übergangselemente verwendet, die es erlauben, die Netzliniendichte in einer Netzrichtung zu verdoppeln. Die Schwierigkeit in der Konstruktion solcher Elemente liegt in der ausschließlichen Verwendung von Viereckselementen. Eine Lösungsvariante zeigt Bild 17. Hier werden zwei Viereckselemente in sechs Elemente aufgeteilt. Drei zusätzliche Knoten, die nicht auf den

regulären Netzlinien liegen, müssen bei dieser Konstruktion zusätzlich generiert werden.

Bei den verwendeten Elementen wird, um eine hohe Genauigkeit zu erreichen, eine Elementform mit vier rechten Winkeln angestrebt. Wie Bild 17 zeigt, werden jedoch bei der Verwendung von Übergangselementen immer Elemente mit ungünstigen Winkelverhältnissen generiert.

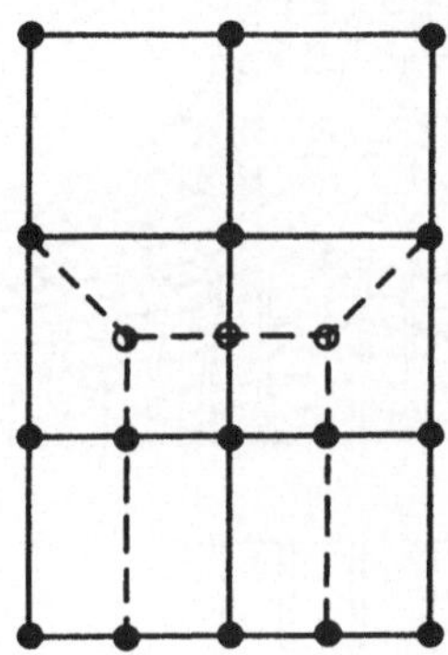

Bild 17: Übergangselement zur Netzverfeinerung.

Bild 18 zeigt zwei neugenerierte Netze für den Zustand kurz vor der Umlenkung. Das alte Netz ist darin gestrichelt dargestellt. Die Eckpunkte der Flächenelemente sind durch Kreise gekennzeichnet. Die obere Bildhälfte zeigt ein neugeneriertes Netz aus acht Flächenelementen, ohne Übergangselemente. In diesem Fall erhöhte sich die Anzahl der Elemente von 352 auf 392 Elemente, was zu einem weiteren Anstieg der Rechenzeit führte. Die untere Bildhälfte zeigt ein neugeneriertes Netz aus acht Flächenelementen. Zur Verfeinerung des Netzes wurden Übergangselemente generiert. Dadurch konnte die Elementzahl trotz Verfeinerung im Flansch annähernd gleich gehalten werden.

Bevor die Simulation fortgesetzt wird, müssen die Daten des neugenerierten Netzes entsprechend den Erfordernissen des FE-Programms PLADAN umformatiert werden. Bei diesem Arbeitsschritt kann die Bandbreite des neugenerierten Netzes mit Hilfe eines Bandbreitenoptimierers nachoptimiert werden /42/.

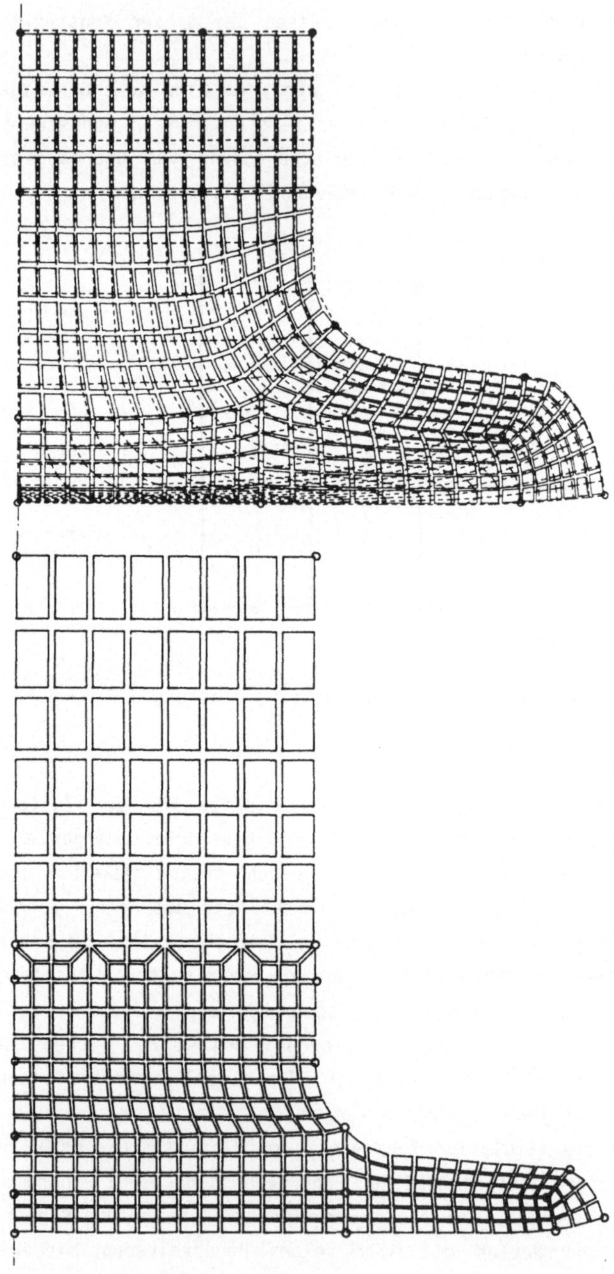

Bild 18: Neugeneriertes Netz.

3.3.2.2 Interpolation der Feldwerte

Alle zur Fortsetzung der FE-Rechnung notwendigen Feldgrößen des Ausgangs-
netzes müssen bei der Netzneugenerierung auf das neue Netz übertragen
werden. Dies geschieht dadurch, daß die Feldwerte direkt mit der Form-
funktion der Elemente des verzerrten Netzes berechnet werden. Dadurch
kann unter Umständen eine genauere Übertragung der Feldwerte auf das
neue Netz erreicht werden, als durch eine Triangularisierung des verzerrten Netzes mit linearer Interpolation der Feldwerte auf die Knoten
innerhalb dieser Dreiecke.
Als Feldgröße wurde die Vergleichsformänderung vom alten Netz auf das
neue Netz interpoliert. In Bild 19 sieht man die gute Übertragung der
Werte auf das neue Netz. Trotz des hohen Gradienten im unteren Bereich
des Werkstücks sind die Linien gleicher Vergleichsformänderungen annähernd deckungsgleich.

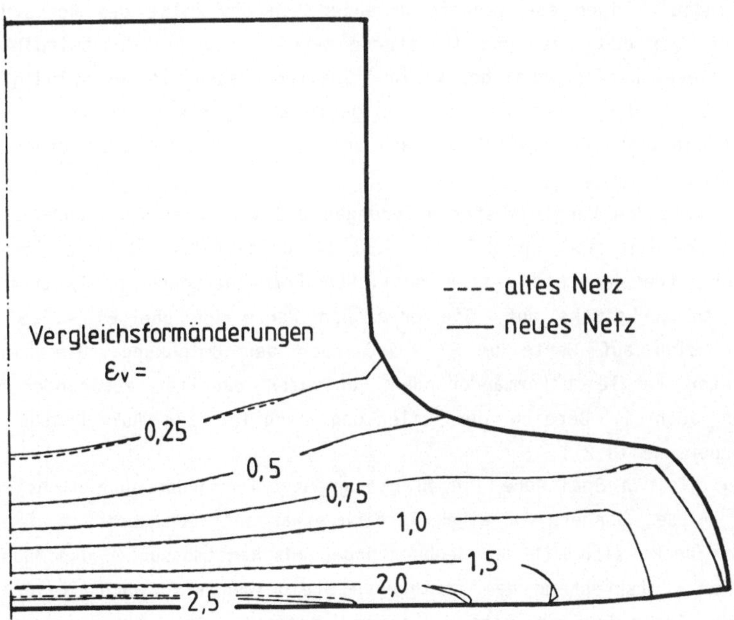

Bild 19: Vergleichsformänderungen für altes und neues Netz.

3.3.3 <u>Werkstofffluß</u>

Die in Bild 16 dargestellte Werkstückkontur stimmt sehr gut mit der im Versuch beobachteten Werkstückausbildung überein. Der Werkstoff löst sich am Auslaufradius ab und bildet den Flansch, dessen Höhe mit zunehmendem Außendurchmesser geringer wird. Gleichzeitig hebt der Werkstoff vom Gegenstempel ab und der Flanschrand bewegt sich nach oben. Bei kleiner Spalthöhe erreicht der Werkstoff dadurch bereits die Matrizenstirnfläche, bevor er die Umlenkung erfährt. Bei Erreichen des gewünschten Außendurchmessers werden die restlichen Hohlräume mit dem nachfließenden Werkstoff ausgefüllt, während gleichzeitig der Werkstoff beginnt, in axialer Richtung in den Ringspalt zu fließen. Dabei legt sich der Werkstoff auch mit fortschreitendem Stempelweg nicht vollständig an den Umlenkradius in der Matrize an. Die Wand des so entstandenen Hohlkörpers hat an der Innenseite eine kürzere Länge als außen, wodurch eine gekrümmte Stirnfläche des Hohlkörpers entsteht.

Die in Bild 20 gezeigten Geschwindigkeitsfelder für zwei Spalthöhen und zwei Stadien zeigen die scharfe Umlenkung in der Mitte des Werkstücks erst kurz vor dem Boden und die starke Verringerung der Geschwindigkeiten in diesem Bereich. Bei der kleinen Spalthöhe sind die Geschwindigkeiten am Boden des Werkstücks bereits geringer als etwas oberhalb davon. Das verdeutlicht den Einfluß der Reibung auf den Stofffluß am Boden des Werkstücks.

Die auftretenden Vergleichsformänderungen und Vergleichsformänderungsgeschwindigkeiten sind in Bild 21 und 22 dargestellt. Bei der großen Spalthöhe treten die höchsten örtlichen Formänderungen im Zentrum am Boden des Werkstücks auf. Sie erreichen Werte von über ε_v = 2,5 und erhöhen sich auf Werte um ε_v = 4,0 nach der Umlenkung. Die Linien konstanter Vergleichsformänderungen verlaufen parallel zueinander und bleiben auch im Bereich der Umlenkung parallel zur Außenkontur des Hohlkörpers (Bild 21).

Bei der kleinen Spalthöhe liegen die größten Formänderungen nicht mehr in der Mitte, sondern in einem Bereich etwas seitlich versetzt. Dieses Ergebnis deckt sich mit den Beobachtungen aus Härtemessungen und Modellversuchen. Entsprechend dem geringeren Stempelweg sind auch die örtlichen Vergleichsformänderungen kleiner. Nach der Umlenkung findet im Zentrum des Bodens nur noch eine geringe Zunahme der ε_v-Werte statt.

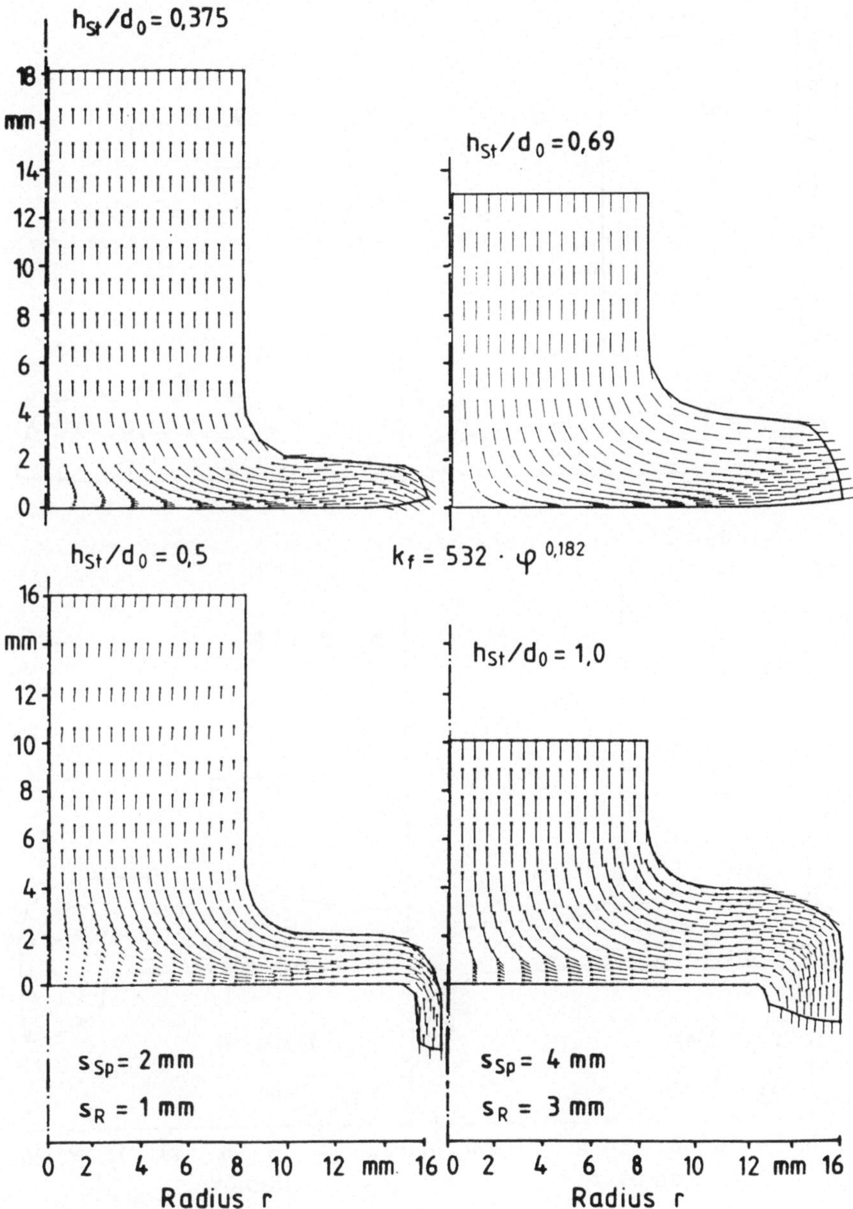

Bild 20: Geschwindigkeitsfelder.

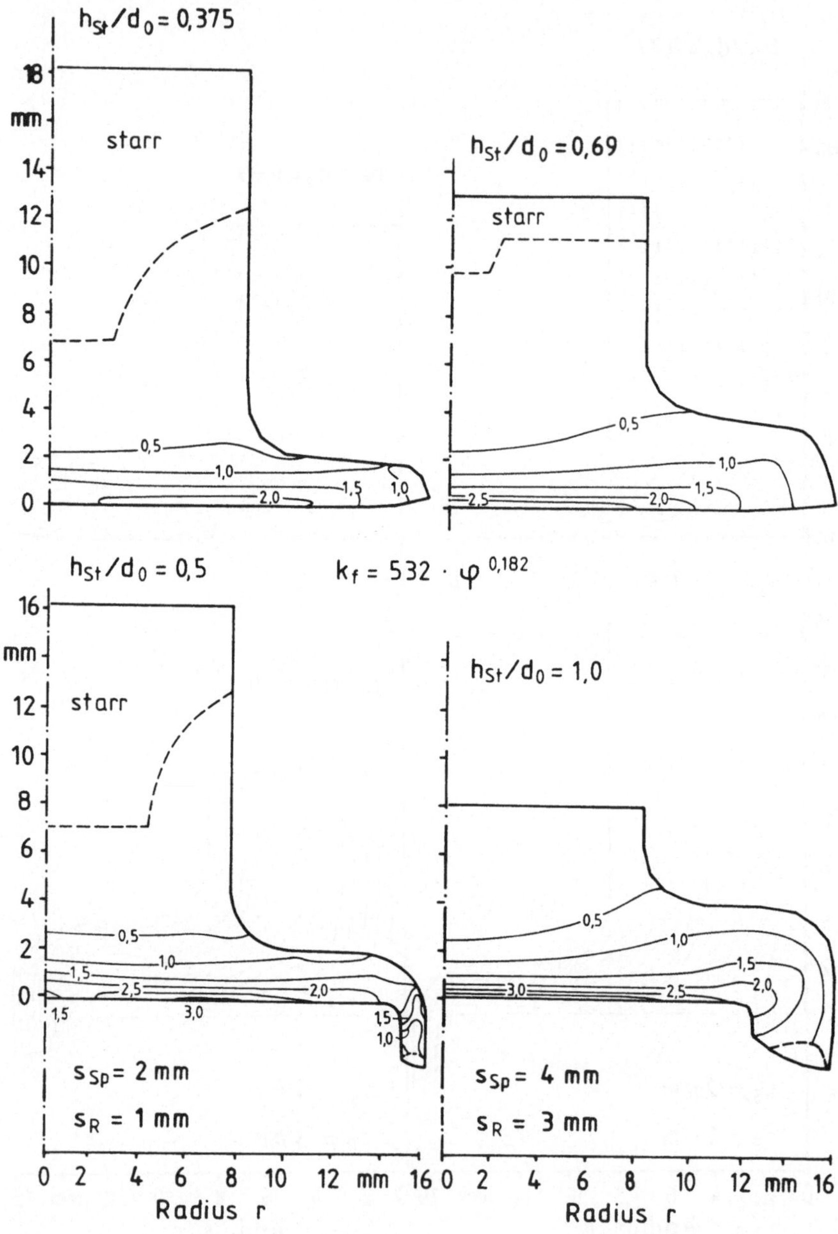

Bild 21: Vergleichsformänderungen ε_v.

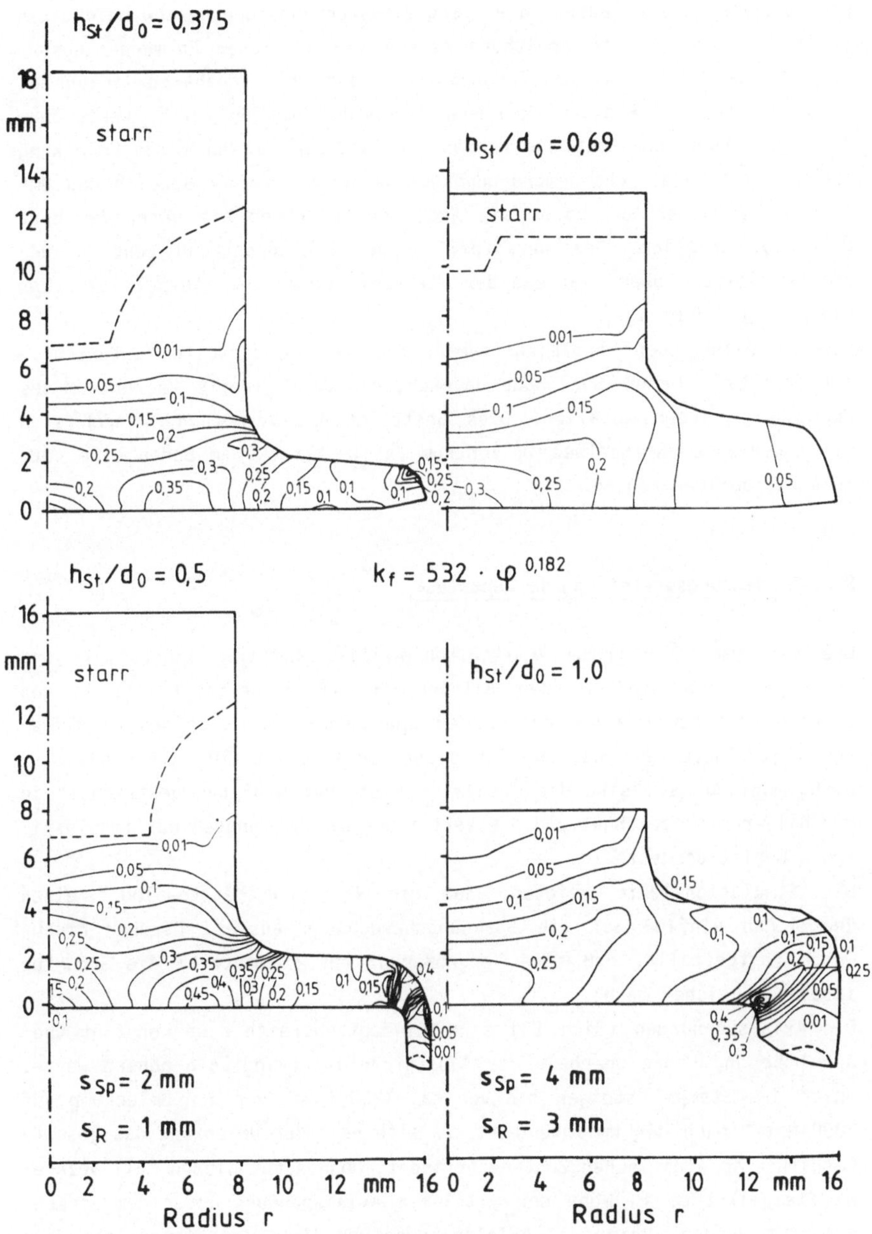

Bild 22: Vergleichsformänderungsgeschwindigkeiten $\dot{\varepsilon}_v$.

Dementsprechend verlaufen die Vergleichsformänderungsgeschwindigkeiten (Bild 22). Bei großer Spalthöhe nehmen die örtlichen Formänderungsgeschwindigkeiten in axialer Richtung zum Boden hin annähernd linear zu. So lange sich der Flansch frei ausbilden kann, bleiben die $\dot{\varepsilon}_v$-Werte über der Flanschhöhe konstant und nehmen zum Rand hin ab. Durch die Umlenkung steigen die Vergleichsformänderungsgeschwindigkeiten im Bereich des Umlenkradius wieder an, bevor sie nach der Umlenkung bis unter den Wert $\dot{\varepsilon}_v = 0,01$ abfallen. Der Werkstoff in der Hohlkörperwand geht in den starren Zustand über, während der Werkstoff unter dem Stempel vollständig plastifiziert ist.

Die Verteilung der Vergleichsformänderungsgeschwindigkeiten unterscheidet sich bei kleiner Spalthöhe dadurch, daß die $\dot{\varepsilon}_v$-Werte im Zentrum des Werkstücks wieder abfallen. Dies bestätigt die Vermutung, wonach sich mit zunehmendem Stempelweg im Zentrum des Werkstücks am Boden eine tote Zone auszubilden beginnt.

3.3.4 Spannungsverteilung im Werkstück

Die mit dem FE-Programm ermittelten Axial-, Radial-, Tangential- und Schubspannungen sind in den Bildern 23 - 26 dargestellt. Da in den starren Gebieten die Berechnung der Spannungen mit Hilfe des v. Misesschen Stoffgesetzes, das nur für plastisches Gebiet Gültigkeit besitzt, nicht möglich ist, sind die Grenzen des starren Gebietes gestrichelt in die Bilder eingezeichnet und die Verteilung der Spannungen nur im plastischen Gebiet dargestellt.

Die Simulationsläufe zeigten, daß die Wahl der Netztopologie einen deutlichen Einfluß auf die Spannungsberechnung ausübt. Darüber hinaus wurde festgestellt, daß eine Vergrößerung der Elementzahl die Struktur insgesamt weicher macht.

Die Axialspannungen (Bild 23) sind im Zapfenbereich etwa konstant über der Höhe und haben oberhalb des Auslaufradius geringfügig höhere Werte. Unter dem Stempel steigen sie von ca. 1200 N/mm^2 vor der Umlenkung auf 1800 N/mm^2 nach der Umlenkung an. Da sich nach der Umlenkung das gesamte Werkstück im plastischen Zustand befindet, können für diesen Fall bezogene Stempelkräfte in Höhe der mittleren Axialspannung unter dem Stempel erwartet werden. Bei einer Axialspannung von 1800 N/mm^2 entspricht dies einer Stempelkraft von 360 kN. Über die mit Hilfe der FEM berechneten Stempelkräfte wird in Abschnitt 4.2.3 berichtet.

Im Flansch nehmen die Axialspannungen zum Rand hin rasch auf den Wert Null ab. Unter dem Auslaufradius wirken vor allem im Flanschbereich hohe Druckspannungen, die zu einer axialen Belastung der Matrizenstirnfläche führen. Daraus resultiert eine der Stempelbewegung entgegengesetzte Kraft, die, wie sich in den Experimenten zeigte, sehr hohe Werte annehmen kann. Im Bereich der Umlenkung zur Hohlkörperwand werden die axialen Druckspannungen bis auf Null abgebaut.

Bei kleinerer Spalthöhe ergibt sich qualitativ eine ähnliche Verteilung. Die Axialspannungen haben jedoch trotz des geringeren Stempelweges deutlich höhere Werte. Auch hier nehmen die Axialspannungen im Flansch auf Null ab. Da der Flansch bereits am Umlenkradius mit dem Werkzeug in Kontakt ist und somit nach unten gedrückt wird, entstehen im Bereich der Werkzeugberührung des Flansches (A) und im Bereich des Gegenstempelradius (B) erhöhte axiale Druckspannungen. Während der Umlenkung gehen auch für kleine Spalthöhen die Axialspannungen im Bereich des Umlenkradius in Zugspannungen über. Mit fortschreitendem Stempelweg und dementsprechender Längenzunahme des Hohlkörpers werden diese axialen Zugspannungen abgebaut und gehen wieder in Druckspannungen über. Die axialen Druckspannungen im Zapfen erreichen Werte über 2400 N/mm^2, womit die zulässige Verfahrensgrenze für den Stempel erreicht sein könnte.

Die auftretenden Radialspannungen (Bild 24) sind für die Matrizenbelastung maßgeblich. Vor der Umlenkung vom Stempel zum Flansch und weiter im Flansch nehmen die radialen Druckspannungen von etwa 1200 N/mm^2 bis auf Null am Flanschaußenrand kontinuierlich ab. Durch die Umlenkung werden zusätzliche radiale Druckspannungen aufgebracht, die die Spannungen im gesamten Werkstück stark ansteigen lassen. Nur am Außenrand, in dem Bereich, in dem sich der Werkstoff nicht an den Umlenkradius anlegt, nehmen die Werte bis auf Null ab, und es können dadurch an dieser Stelle sogar geringe Zugspannungen auftreten. Im weiteren Verlauf, entlang der senkrechten Matrizenkontur, nehmen die radialen Druckspannungen stark zu und erreichen etwa in Höhe der Gegenstempelkante ihre höchsten Werte. Danach fallen sie wieder bis auf Null ab. An der Innenseite des Werkstücks treten hauptsächlich bei der Umlenkung im Bereich des Gegenstempelradius sehr hohe radiale Druckspannungen auf.

Die Radialspannungen für große Spalthöhe von maximal 1800 N/mm^2 im Aufnehmerbereich lassen den Schluß zu, daß einfach vorgespannte Matrizen für diesen Vorgang ausreichen. Bei kleinerer Spalthöhe steigen die radialen Druckspannungen im Aufnehmer auf über 2200 N/mm^2 an, was eine

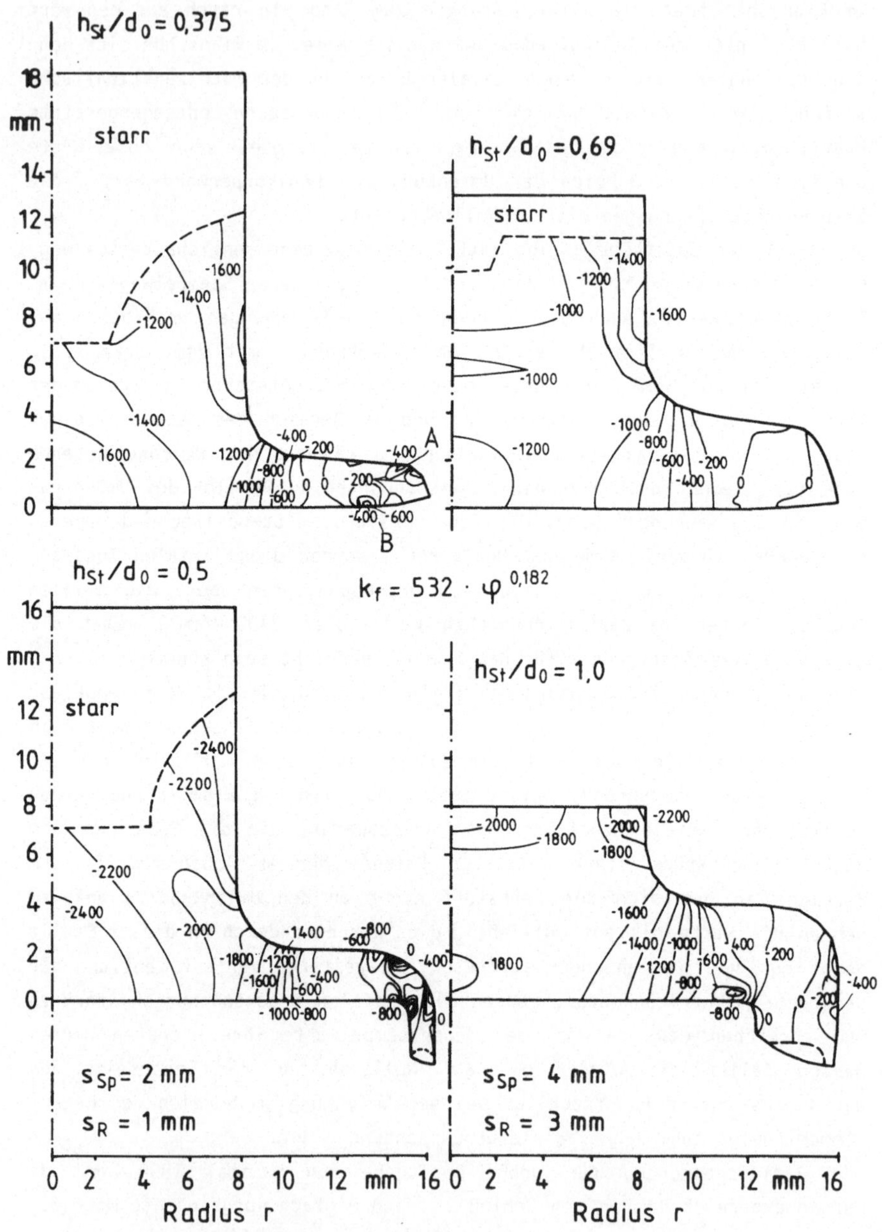

Bild 23: Axialspannungen σ_z.

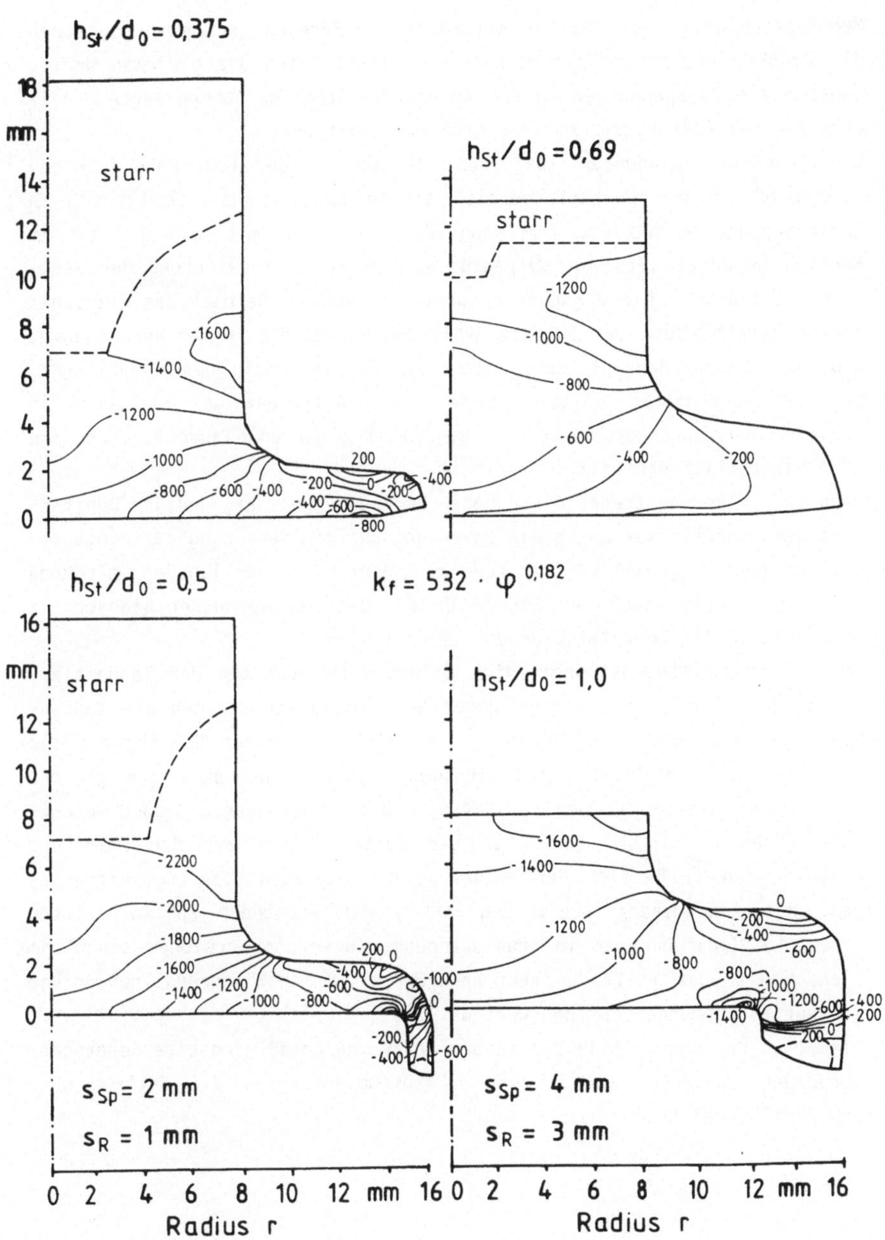

Bild 24: Radialspannungen σ_r.

Mehrfacharmierung der Matrize erfordert. Im Bereich der Umlenkung haben die Druckspannungen an der Werkstückinnenseite etwa die gleichen Werte, während die Zugspannungen an der Außenseite deutlich höhere Werte erreichen als bei Werkstücken mit der größeren Spalthöhe.

Die Tangentialspannungen (Bild 25) nehmen vor der Umlenkung von ca. 1200 N/mm^2 im oberen Zapfenbereich stetig ab und gehen im Flansch in Zugspannungen $\leqslant$ 600 N/mm^2 am Rand über. Die Zone mit $\sigma_t = 0$ liegt im Bereich unterhalb des Auslaufradius und verläuft in Richtung der Werkstückmittelachse. Die Zugspannungswerte im äußeren Bereich des Flansches liegen bereits über der Zugfestigkeit des Werkstoffs. Unter der Annahme, daß am Flanschaußenrand nur tangentiale Zugspannungen herrschen, müßte bei dem berechneten Beispiel bereits ein Aufreißen des Flansches in radialer Richtung auftreten, was bei etwas größeren Flanschdurchmessern auch tatsächlich eintritt.

Nach der Umlenkung treten diese hohen Zugspannungen aufgrund der Behinderung des Stoffflusses durch die Umlenkung und die Verengung des Ringspaltes nur noch in einer kleinen Zone am Außenrand im Bereich der Umlenkung auf. Darin liegt auch der Grund für das bei den Versuchen beobachtete Nichtanlegen des Werkstoffs an den Umlenkradius.

Im Bereich des Gegenstempelradius bildet sich auch bei den Tangentialspannungen eine Zone erhöhter Werte aus. Im Zapfen steigen die Tangentialspannungen bis auf 2000 N/mm^2 an. Bei der kleinen Spalthöhe fällt auf, daß die im Flansch auftretenden Zugspannungen etwa die gleiche Größe haben wie bei großer Spalthöhe, die Druckspannungen jedoch wesentlich höher ausfallen. Auch für den Zustand kurz nach der Umlenkung ergeben sich im Bereich der Umlenkung die gleichen Spannungsverteilungen. Mit zunehmendem Stempelweg und größer werdender Hohlkörperlänge gehen die Zugspannungen in Druckspannungen über und erreichen sowohl im Flansch als auch im Zapfen sehr hohe Werte. Am Hohlkörperende nehmen die Tangentialspannungen auf den Wert Null ab.

Die Schubspannungen (Bild 26) zeigen erwartungsgemäß eine hohe Scherbeanspruchung zwischen den beiden Werkstoffumlenkungen, die örtlich über 200 N/mm^2 erreicht.

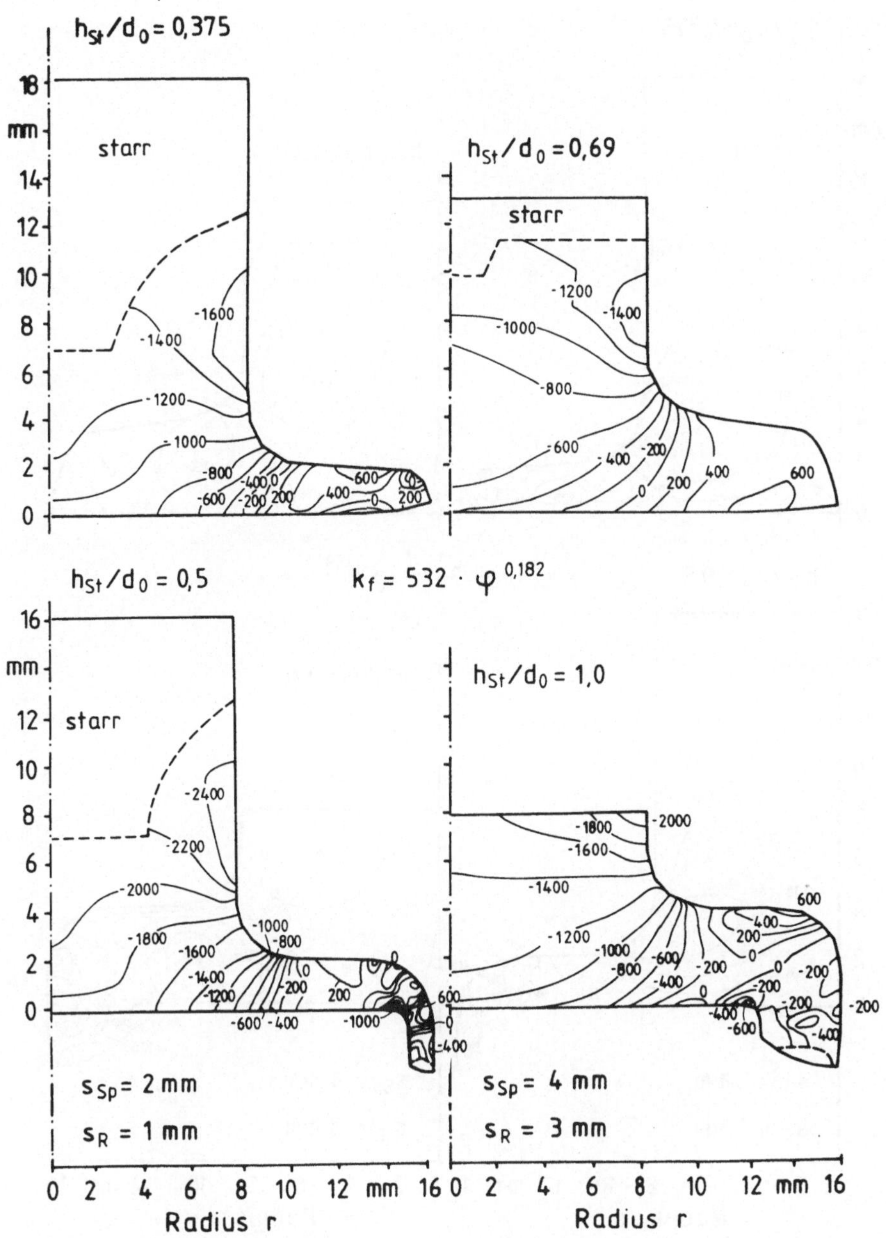

Bild 25: Tangentialspannungen σ_t.

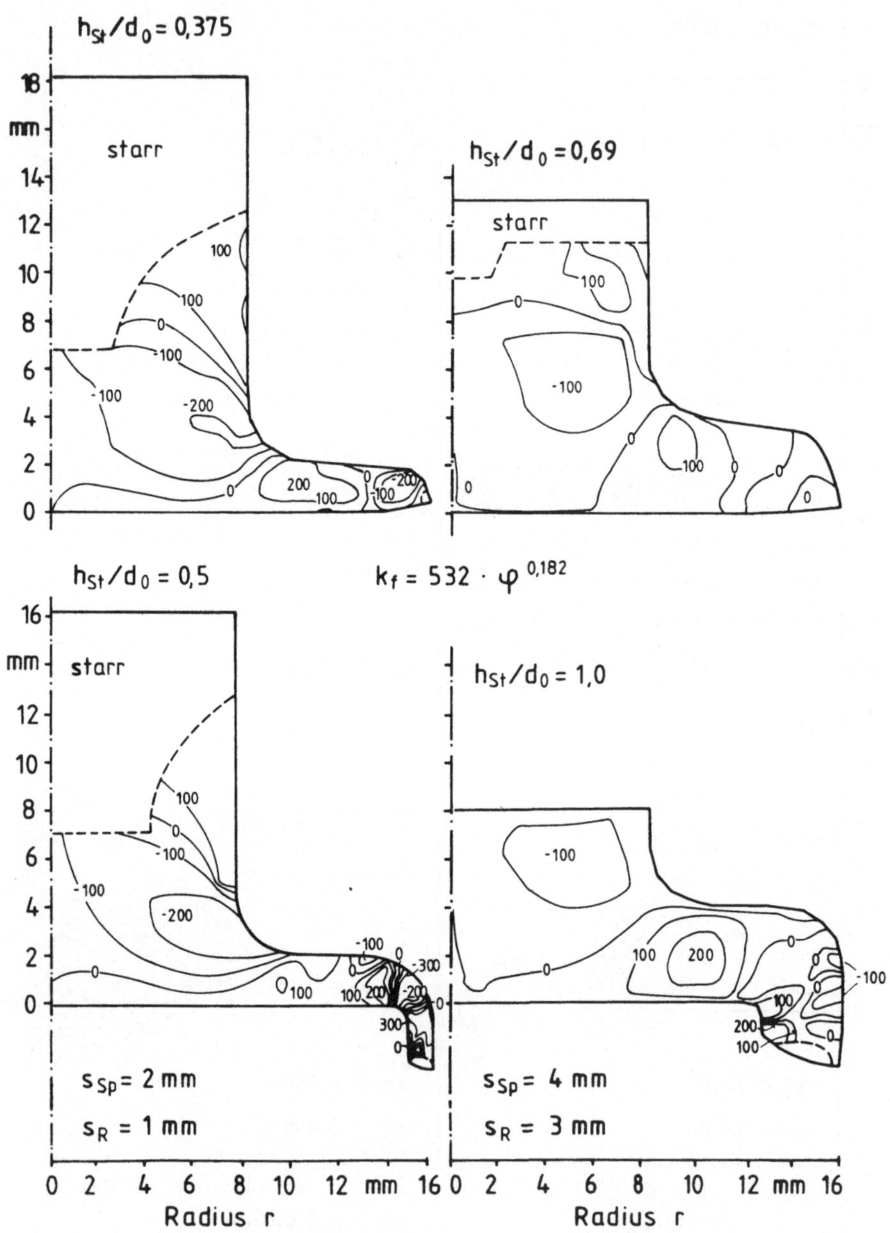

Bild 26: Schubspannungen σ_{rz}.

3.4 <u>DISKUSSION DER ERGEBNISSE</u>

Die größten auftretenden Vergleichsformänderungen für den Zustand kurz nach der Umlenkung (h_{St} = 16 mm) lagen übereinstimmend bei allen Untersuchungsmethoden im Bereich von ε_v = 3,4 - 4,0. Der niedrigste Wert wurde über die Härtemessung gefunden, was darin begründet ist, daß die Härte nur in einem bestimmten Abstand vom Rand gemessen werden konnte. Die größten Werte treten aber unmittelbar am Rand auf.

Die mit Hilfe der Visioplasticity aus den Modellversuchen ermittelten Werte für die Vergleichsformänderungen lagen vor allem vor der Umlenkung wesentlich niedriger als die über die Härtemessungen und die FE-Simulation ermittelten Werte. Die Ursache dafür liegt in der zu großen Stufung der Modellproben für die Auswertung des instationären Vorgangs. Da die Werte für die Verschiebungen zwischen den Stufen gemittelt werden, ergibt sich vor allem für die ersten Stufen ein zu geringer Wert für die Vergleichsformänderung.

Eine interessante Erkenntnis ist die Ausbildung der toten Zone im Zentrum des Hohlkörperbodens, die bei den Modellversuchen erst bei größerem Stempelweg und der FE-Analyse nur bei kleinen Spalthöhen auftritt, über Härtemessungen und geätzte Schliffe jedoch einwandfrei nachgewiesen werden konnte. Wie die Härtemessungen zeigen, bildet sich diese Zone bereits früher und in stärkerem Maße aus, als die FE-Simulation und die Modellversuche dies anzeigen. Mit zunehmendem Stempelweg vergrößert sich diese tote Zone.

4 KRAFTBEDARF

Die möglichst genaue Kenntnis des Kraftbedarfs ist für eine optimale
Maschinenauswahl und Werkzeugauslegung von großer Wichtigkeit. In den
folgenden Abschnitten werden Ergebnisse aus der experimentellen Bestimmung der Kräfte dargestellt. Ansätze für die näherungsweise Berechnung
von Umformkräften und Reaktionskräften werden einerseits empirisch aus
den Versuchsergebnissen, andererseits aufgrund theoretischer Herleitungen abgeleitet und mit den experimentellen Ergebnissen überprüft.

4.1 EXPERIMENTELLE UNTERSUCHUNGEN

4.1.1 Versuchsdurchführung und Versuchseinrichtungen

4.1.1.1 Versuchswerkzeug

Die besonderen Eigenschaften des Verfahrens, wie das Auftreten einer der
Stempelbewegung entgegengesetzten Kraft auf die Matrize und der zum
Vorgang benötigten drei Bewegungen, Stempelbewegung, Schließbewegung und
Auswerferbewegung, die über lange Stempelwege ausgeführt werden müssen,
stellen besondere Anforderungen an die Konstruktion und Funktion des
Werkzeugs. Deshalb wurde in einer systematischen Untersuchung eine eingehende Problem- und Funktionsanalyse durchgeführt, aus der verschiedene
Werkzeugkonzeptionen hervorgingen. Daraus wurde die Lösung als Versuchswerkzeug realisiert, die mit möglichst geringem Aufwand an Zeit und
Mitteln einen einwandfreien Vorgangsablauf und die Variation der formgebenden Werkzeuggeometrie gewährleistet. Das verwirklichte Werkzeug ist
ein reines Versuchswerkzeug, bei dem aus Kostengründen auf eine komforta-
blere Lösung verzichtet wurde. Aus Untersuchungen am Institut für Umformtechnik liegen jedoch auch komplexere Lösungsvorschläge vor, die sich
für industrielle Anwendungen eignen.
Bild 27 zeigt das Versuchswerkzeug mit einer horizontalen Teilung an der
Unterseite der Matrize. Die Funktion des Werkzeugs erlaubt eine Verwendung sowohl in hydraulischen als auch in mechanischen Pressen. Die
Versuche wurden ausschließlich auf einer hydraulischen Presse durchgeführt.

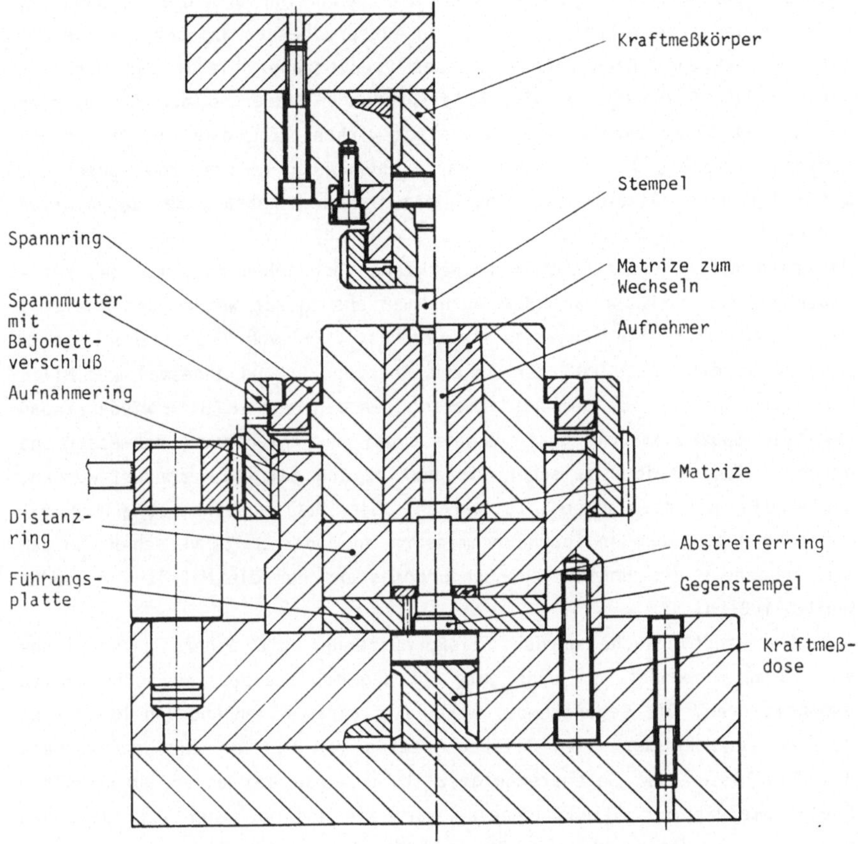

Bild 27: Versuchswerkzeug.

Das Unterwerkzeug besteht aus dem inneren Werkzeugverband, der Werkzeug-
aufnahme und der Schließvorrichtung. Der innere Werkzeugverband, beste-
hend aus einer einfach armierten Matrize, Distanzring, Führungsplatte
und Gegenstempel mit Abstreiferring, wird über einen Spannring und eine
Spannmutter mit Bajonettverschluß, mit Aufnahmering und Grundplatte form-
schlüssig verbunden und somit in der Teilungsebene geschlossen gehalten.

Die während des Vorgangs auftretende rückwirkende Axialkraft auf die Matrize muß als Schließkraft über den Spannring und die Spannmutter aufgebracht werden. Dabei kommt es zu entsprechenden axialen Auffederungen im Werkzeug. Nach Beendigung des Preßvorgangs bleibt das Werkzeug unter hoher Spannung, da die Axialspannungen aufgrund der Auffederung auf das im Spalt verbleibende Werkstück wirken. Zum Lösen und Öffnen des Werkzeugverbandes müssen diese Kräfte überwunden werden. Dies geschieht mit Hilfe eines Ritzels mit Hebel, das in den Zahnkranz der Spannmutter eingreift.

Da keine Auswerfervorrichtung im Werkzeug vorgesehen ist, muß das Werkstück extern zunächst aus dem Aufnehmer ausgepreßt werden und dann mit Hilfe von Abstreiferring und Auswerferstiften vom Gegenstempel abgestreift werden. Dazu muß der innere Werkzeugverband jedesmal mit Hilfe einer Vorrichtung aus dem Aufnahmering gehoben werden. Beim Wiedereinbau kann die Spaltgeometrie durch Gegenstempel verschiedener Durchmesser und durch Distanzscheiben zwischen Distanzring und Matrize verändert werden, sowie die Matrize gewechselt werden. Die Matrizeneinsätze waren mit unterschiedlich großen Innendurchmessern an jeder Seite versehen, so daß zum Verändern des Hohlkörperaußendurchmessers nur die Matrizen gewendet werden mußten.

Für die Hauptversuche wurden Fließpreßstempel mit einer Führungslänge von 10 mm verwendet, um eine gute Führung des Stempels im Aufnehmer zu gewährleisten. Die Gegenstempel waren mit einem Fließbund von 10 mm Höhe versehen und hatten einen Fließbundradius von 0,5 mm. Zur Untersuchung des Einflusses der Gegenstempelgestaltung wurde bei einer ausgewählten Spaltgeometrie der Fließbundradius variiert und auch der Einfluß eines Gegenstempels mit Kegelwinkel $2\alpha_G = 166^o$ untersucht.

Um einen Gegendruck bereits bei der Flanschbildung aufbringen zu können und dessen Einfluß auf die Verfahrensgrenzen zu untersuchen, wurde für eine ausgewählte Spaltgeometrie die Stirnfläche der Vertiefung in der Matrize mit einem Kegelwinkel von $2\alpha_M = 150^o$ versehen.

Einen Anwendungsfall für das Kombinierte Quer-Napf-Vorwärts-Fließpressen stellt das in Bild 28 gezeigte Klauenteil dar. Dazu wurde ein Gegenstempel so gestaltet, daß drei mal je 60° des Ringspaltes durch den Gegenstempel geschlossen waren. Der Werkstoff fließt durch die verbliebenen Öffnungen, so daß ein Klauenteil entsteht. Die verwendeten Gegenstempel sind in Bild 29 abgebildet.

Stempel, Gegenstempel sowie die Matrizen wurden aus dem Kaltarbeitsstahl

Bild 28: Kläuenteil.

Bild 29: Verwendete Gegenstempel.

X 155 CrVMo 12 1 (1.2379), gehärtet auf 60 HRC bis 63 HRC, hergestellt. Die Schrumpfringe bestehen aus dem Warmarbeitsstahl X 40 CrMoV 51 (1.2344).
Zur Ermittlung der auftretenden Beanspruchung wurden mit DMS versehene Kraftmeßkörper (mit einer zulässigen Maximalkraft von 2000 kN) im Werkzeug eingebaut. Diese befinden sich im Kraftfluß unter dem Stempel und Gegenstempel. Zur Messung des Stempelweges dient ein induktiver Weggeber mit einem Meßweg von + 100 mm (Fabrikat Hottinger, Typ W100). Die sehr

geringen Widerstands- bzw. Induktivitätsänderungen der Meßwertaufnehmer
wurden in einem 3-fach-Trägerfrequenzmeßverstärker (Fabrikat Hottinger
KWS 3082) in analoge Spannungen umgeformt, verstärkt und gleichgerichtet
und dann den Registriergeräten zugeleitet. Kraft und Weg wurden bei
allen Versuchen mit zwei x-y-Schreibern (Fabrikat Hewlett Packard Typ
7004 B) aufgezeichnet.
Bild 30 zeigt das Werkzeug in eingebautem Zustand. Deutlich sind das
Rohteil auf der Matrize, Spannring und Ritzel mit Hebel zu erkennen.

Bild 30: Versuchswerkzeug im eingebauten Zustand.

4.1.1.2 <u>Versuchswerkstoffe und Oberflächenbehandlung</u>

Aus früheren Untersuchungen zum Querfließpressen /14/ war bekannt, daß sich der Fließpreßstahl QSt 32-3 auch für Fließpreßvorgänge mit radialem Werkstofffluß eignet. Seine hohe Duktilität und geringe Fließspannung lassen ihn als Versuchswerkstoff vorteilhaft erscheinen. Wegen der bei Stahl zu erwartenden hohen Kräfte wurde ein weiterer in der Praxis gebräuchlicher Werkstoff aus dem Bereich der Nichteisenmetalle mit sehr niedriger Fließspannung ausgesucht. Die Wahl fiel auf die kaltaushärtbare Aluminium-Knetlegierung AlMgSi 0,5. Mit diesem Werkstoff wurden die Hauptversuche durchgeführt.

Der Stahlwerkstoff, der als gescherter Stabwerkstoff vorlag, wurde normalgeglüht, entzundert und anschließend auf Nennmaß abgedreht. In /14/ wird eine starke Abhängigkeit der Oberflächengüte von der Korngröße bei der Flanschausbildung berichtet, so daß ein feinkörniges Gefüge wünschenswert ist. Aus diesem Grunde wurde in dieser Untersuchung ein Normalglühen dem sonst üblichen GKZ-Glühen vorgezogen.

Die als warmausgehärtetes Strangprofil angelieferte Aluminium-Knetlegierung wurde auf Nennmaß abgedreht, um Randeinflüsse auszuschalten. Die Abschnitte wurden nach der Vorbearbeitung weichgeglüht. Die Glühvorschriften und die für die Werkstoffe ermittelten Kennwerte sind in Tabelle 1 zusammengestellt.

In Bild 31 sind metallographische Gefügeaufnahmen der beiden Werkstoffe für den geglühten Zustand wiedergegeben. Der Stahlwerkstoff zeigt ein sehr feines Gefüge mit einer gleichmäßigen Verteilung der Perlitinseln im Ferrit. Die mit Hilfe der ASTM-Richtlinien ermittelte Korngröße beträgt 7. Der Werkstoff AlMgSi 0,5 zeigt im Kern ein etwas gröberes Gefüge (ASTM 4-5) als im Randbereich (ASTM 6).

Zusätzlich wurden Stichversuche mit dem Werkstoff C 15 durchgeführt, der im weichgeglühten Zustand vorlag. Die Stichversuche mit C 15 dienten der Ermittlung der Verfahrensgrenze für die Flanschausbildung und sollten die Eignung des Werkstoffs zur Durchführung der Verfahrenskombination zeigen.

Die für die Versuchswerkstoffe ermittelten Fließkurven zeigt Bild 32. Sie wurden im Stauchversuch nach Rastegaev /39/ aufgenommen. Die Stauchproben waren so gestaltet, daß sich in den Stirnseiten der Proben mit Paraffin gefüllte Schmiertaschen befanden. Reibungseinflüsse werden durch diese Probenform nahezu ausgeschaltet.

Tabelle 1: Kennwerte der verwendeten Versuchswerkstoffe.

Werkstoff: Q St 32-3   (Ma 8) Werkstoff-Nr. 1.0303

normalgeglüht	Wärmebehandlung				Härte	
	910 °C / 1 h / Luftabkühlung				78 HV 30	
Stauchversuch	k_{f0} [N/mm²]		C [N/mm²]		n	
	225		532		0,183	
Zugversuch	$R_{p0,2}$ [N/mm²]	R_m	n –	A_g %	A_5 %	Z %
	237	342	0,268	31	50	79

Werkstoff: Al Mg Si 0,5 Werkstoff-Nr. 3.3206

Anlieferungszustand	Wärmebehandlung				Härte	
	warmausgehärtet				—	
Stauchversuch (Rastegaev)	k_{f0} [N/mm²]		C [N/mm²]		n	
	185		312		0,067	
Zugversuch	$R_{p0,2}$	R_m	n	A_g	A_5	Z
	170	223	0,089	9	19	71
weichgeglüht	Wärmebehandlung				Härte	
	395 °C / 4 h / Ofenabkühlung				34 HV 0,3	
Stauchversuch (Rastegaev)	k_{f0} [N/mm²]		C [N/mm²]		n	
	80		158,5		0,114	
Zugversuch	$R_{p0,2}$	R_m	n	A_g	A_5	Z
	50	95,3	0,163	18	32	90

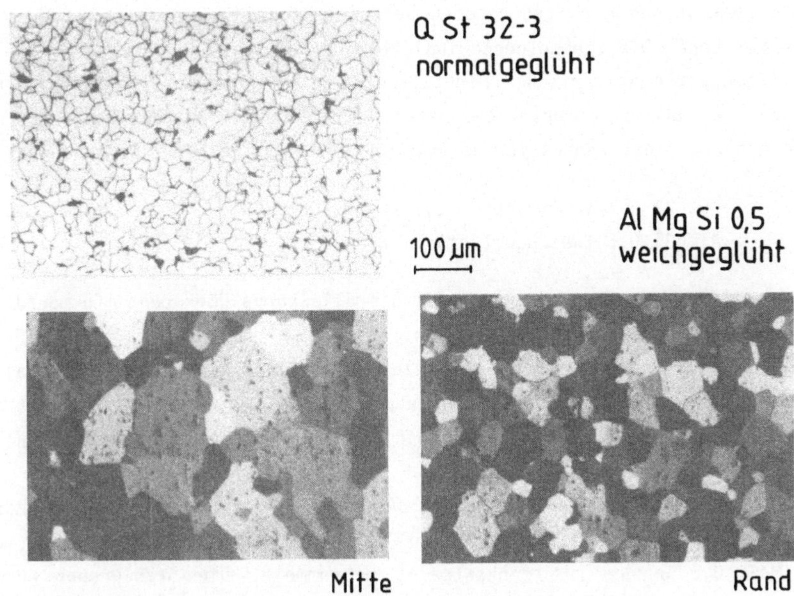

Bild 31: Gefügeaufnahmen der Versuchswerkstoffe.

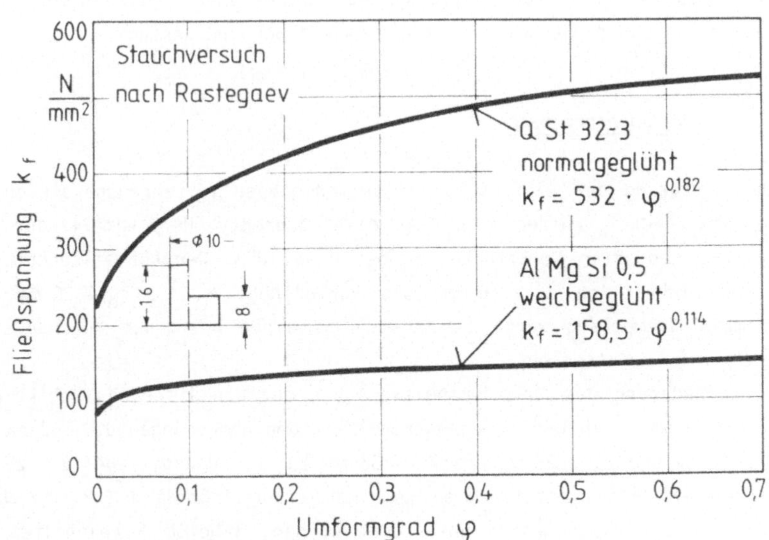

Bild 32: Fließkurven der Versuchswerkstoffe.

Die Abmessungen der Stauchproben betrugen 10 mm im Durchmesser und 16 mm in der Höhe. Die Stempelgeschwindigkeit betrug v_{St} = 0,16 mm/s.
Bei doppeltlogarithmischer Darstellung der aufgenommenen Fließkurven ergab sich für den untersuchten Bereich ein linearer Zusammenhang. Aus den Berechnungen der Regressionsgeraden ergaben sich folgende Beziehungen:

$$\text{QSt 32-3} \quad \text{(normalgeglüht):} \quad k_f = 532 \cdot \varphi^{0,1827}$$
$$\text{AlMgSi 0,5 (weichgeglüht)} : \quad k_f = 158,5 \cdot \varphi^{0,1142}$$

Mit Hilfe dieser Beziehungen kann die Fließkurve über den Umformgrad von φ = 0,7 hinaus extrapoliert werden.
Bei der Aufnahme der Fließkurve zeigten sich Streuungen, die vor allem im Bereich der Anfangsfließspannung bis zu 10 % betrugen. Diese Streuungen machen sich in entsprechenden Schwankungen bei den Vorgangskräften bemerkbar.
Wegen der starken Oberflächenvergrößerung muß auf die Oberflächenbehandlung der Rohteile besondere Sorgfalt verwendet werden. Die Proben aus AlMgSi 0,5 wurden mit Zinksstearat getrommelt. Die Stahlproben wurden phosphatiert und mit Dünnseife Bonderlube 234 beseift. Während bei den Teilen aus AlMgSi 0,5 auf eine Werkzeugschmierung verzichtet werden konnte, trat beim Umformen von QSt 32-3 Anfressen am Fließbund des Gegenstempels auf. Durch Schmierung des Gegenstempels mit dem MoS_2-Spray Molydag 15 konnte die Gefahr des Anfressens behoben werden.

4.1.1.3 Versuchsprogramm

Zur Ermittlung des Einflusses der verschiedenen Verfahrensparameter auf den Kraftbedarf wurden ca. 500 Teile gepreßt. Der Anteil der aus QSt 32-3 gepreßten Werkstücke lag bei etwa 10 %. Der Rohteildurchmesser betrug einheitlich d_0 = 16 mm, die Rohteilhöhe h_0 = 5·d_0 = 80 mm. Der maximale Stempelweg war h_{St} = 60 mm, was einer bezogenen Höhenänderung von ε_h = 0,75 entspricht.
Zur Veränderung des Außendurchmessers und der Wanddicke des Hohlkörpers standen 6 Matrizen und 7 Gegenstempel mit den Abmessungen d_A = 32 mm bis d_A = 42 mm und d_G = 26 mm bis d_G = 38 mm zur Verfügung. Tabelle 2 zeigt, welche der daraus entstandenen Kombinationsmöglichkeiten für die Wanddicke in den Experimenten untersucht wurden. Tabelle 3 beinhaltet die untersuchten Spalthöhen und die Werte entsprechend der auf die Ausgangs-

Tabelle 2: Untersuchte Spaltgeometrien.

d_A \ d_{Geg}	26	28	30	32	34	36	38
32	3	2	1				
34	4	3	2	1			
36		4	3	2	1		
38			4	3	2	1	
40				4	3	2	1
42					4	3	2

$$s_R = \frac{d_A - d_{Geg}}{2}$$

Tabelle 3: Untersuchte Spalthöhen.

s_{Sp} [mm]	1	2	3	4	5
$\varepsilon_h = \dfrac{h_0 - s_{Sp}}{h_0}$	0,9875	0,975	0,9625	0,95	0,9375

Tabelle 4: Untersuchte Gegenstempelformen.

Fließbundradius r_G [mm]	0,5	1,0	1,5	2,0	2,5
$2\alpha = 180°$	✕	✕	✕	✕	✕
$2\alpha = 166°$	✕				

Tabelle 5: Versuchsprogramm.

s_R \ s_{Sp}	$d_A=32$					$d_A=34$					$d_A=36$				
	1	2	3	4	5	1	2	3	4	5	1	2	3	4	5
1	°	O	O	[O]	O	°	O	O	O	O		O	O	O	O
2	[°]	[°]	[O]	[O]	[O]	°	°	O	[●]	O	°	°	O	[O]	O
3	°	°	°	[●]	[●]	°	°	•	●	●	°	°	°	●	O
4						°	°	°	•	●		°	°	°	O

s_R \ s_{Sp}	$d_A=38$					$d_A=40$					$d_A=42$				
	1	2	3	4	5	1	2	3	4	5	1	2	3	4	5
1	°	O	O	O	O	°	O	O	O	O					
2	°	°	O	[O]	O		°	O	[O]	O			O	[O]	O
3	°	°	°	●	O			°	●	O				°	●	O
4	°	°	°	°	O				°	O				°	O

Legende:

- ° Versuche $s_R \geqq s_{Sp}$ ⎫ Al Mg Si 0,5
- O Versuche $s_R < s_{Sp}$ ⎭
- • Versuche $s_R \geqq s_{Sp}$ ⎫ Al Mg Si 0,5 u.
- ● Versuche $s_R < s_{Sp}$ ⎭ Q St 32-3
- □ Mehrfachversuche

länge bezogenen Höhenänderungen. Die Versuchsreihen zur Ermittlung des Einflusses der Gegenstempelkopfgestaltung sind in Tabelle 4 zusammengestellt. Tabelle 5 gibt eine systematische Übersicht über die mit dem Versuchswerkzeug durchgeführten Versuche. Die ausgefüllten Punkte kennzeichnen die Geometrien für die auch Versuche mit QSt 32-3 durchgeführt wurden. Für $s_R \geqq s_{Sp}$ - hierbei wird entsprechend dem Raflo-Verfahren der Flansch frei umgelenkt -, wurden nur einige Stichversuche durchgeführt, die durch kleine Punkte markiert sind. Die stark umrandeten Felder kennzeichnen die Geometrien, mit denen Mehrfachversuche durchgeführt werden, um Streuungen und die Reproduzierbarkeit der Kräfte zu ermitteln, wozu mindestens 10 Teile pro Versuchspunkt umgeformt wurden.

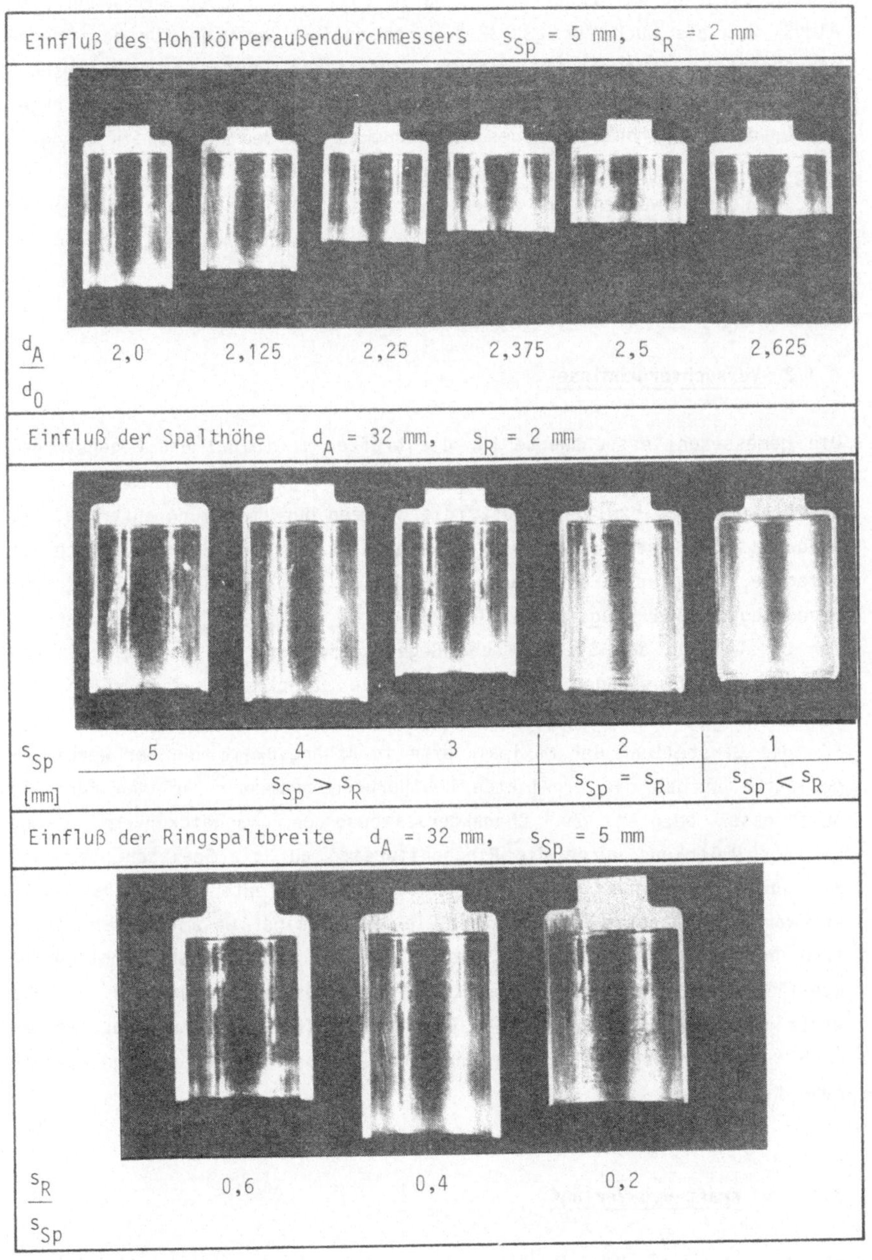

Bild 33: Versuchsreihen für unterschiedliche Werkzeugparameter.

Wie bereits in 4.1.1.1 erwähnt, wurde das Versuchsprogramm sowohl für AlMgSi 0,5 als auch für QSt 32-3 durch einige Versuche für das Anwendungsbeispiel "Klauenteil" ergänzt. Zusätzlich wurden einige Versuche mit einer Matrize mit einem Matrizenöffnungswinkel $2\alpha_M = 150^o$ durchgeführt, um das Aufbringen eines Gegendruckes auf den Flansch zu ermöglichen. Bild 33 zeigt Fotos einiger Versuchsreihen.

Alle Versuche wurden auf einer hydraulischen Presse mit einer max. Nennkraft von 630 kN durchgeführt. Die Stößelgeschwindigkeit während des Preßvorgangs betrug v_{St} = 52 mm/s.

4.1.2 Versuchsergebnisse

Die gemessenen Versuchswerte für die Kräfte am Stempel und Gegenstempel können unter verschiedenen Gesichtspunkten dargestellt werden. Die größte Stempelkraft bzw. Preßkraft, die während der Umformung auftritt, ist maßgebend für die Auswahl der Presse. Die auf den Stempelquerschnitt bezogene Stempelkraft gibt dagegen Aufschluß über die mittlere Druckbeanspruchung der Werkzeugstempel.

Zur Darstellung der Stempel- und Gegenstempelkraft in Abhängigkeit von den sie beeinflussenden Größen erscheint es zweckmäßig, die Kräfte über dem Stempelweg aufzutragen.

Für die Darstellung der Maximalkräfte in Abhängigkeit von der Werkzeuggeometrie wurden die erreichten Hohlkörperdurchmesser auf den Rohteildurchmesser bezogen. Zur Charakterisierung der Wanddickenverminderung bei der Umlenkung wurde die Ringspaltbreite auf die Spalthöhe bezogen. Sie wurde der Angabe einer Querschnittsänderung entsprechend dem Napf-Rückwärts-Fließpressen vorgezogen. Die Angabe einer Gesamt-Querschnittsänderung wie in /27, 28/ erscheint für die Verfahrenskombination aus Querfließpressen und Napf-Vorwärts-Fließpressen nicht sinnvoll, da die Werte mit den dort angegebenen Beziehungen für große Außendurchmesser auch Null oder negativ werden können und somit keine vernünftige Aussage mehr liefern.

4.1.2.1 Kraft-Weg-Verlauf

Als Beispiel für alle Versuche mit beiden Werkstoffen und allen unterschiedlichen geometrischen Bedingungen ist in Bild 34 ein experimentell

ermittelter Kraft-Weg-Verlauf für den Stempel und den Gegenstempel dargestellt. Unter den Kurven sind die entsprechenden Umformzustände des
Werkstücks abgebildet. Die Stempelkraft zeigt zunächst die Charakteristik eines Querfließpreßvorgangs mit Steilanstieg der Kraft zu Beginn
des Vorgangs und einer anschließenden Abflachung. Erreicht der Werkstoff
die Umlenkung, wird der durch die leicht kegelförmige Ausbildung des
Flansches entstandene Hohlraum im Spalt ausgefüllt, was zu einem entsprechend steilen Anstieg der Kraft führt. Sind die Hohlräume ausgefüllt,
erreicht die Stempelkraft ihr Maximum und nimmt nach Ausführung der
Umlenkung entsprechend der Abnahme der Reiblänge im Aufnehmer wieder
leicht ab.

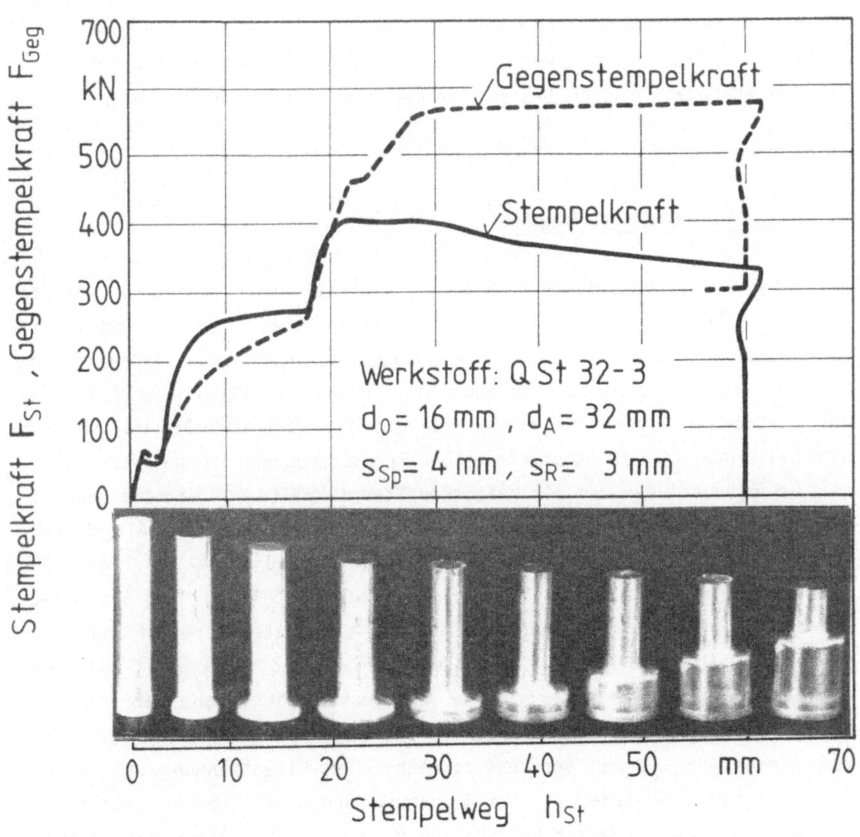

Bild 34: Kraft-Weg-Verlauf beim Komb. Quer-Napf-Vorwärts-Fließpressen.

Die Kraft am Gegenstempel ist zu Beginn geringer, da die Aufnehmerreibung entfällt. Nach der Umlenkung steigt diese Kraft wesentlich stärker an. Die Differenz aus Stempelkraft und Gegenstempelkraft wirkt axial auf die Matrize und muß als Schließkraft aufgebracht werden. Nach Beendigung des Vorgangs fällt die Stempelkraft auf Null ab. Auf dem Gegenstempel verbleibt eine Restkraft, die zum Öffnen des verspannten Werkzeugverbandes überwunden werden muß, wie in Abschnitt 4.1.1.1 bereits beschrieben wurde.

Bei der Aufnahme der Kraft-Weg-Verläufe zeigten sich zum Teil deutliche Streuungen bei gleicher Geometrie. Dies ist auf unterschiedliche Reibverhältnisse, bedingt durch ungleichmäßige Schmierung, Maßschwankungen in der Rohteilgeometrie und auf Einflüsse im Werkstoff, zurückzuführen. Auf entsprechende Streuungen bei der Aufnahme der Fließkurven wurde bereits hingewiesen. Diese Streuungen dürften in erster Linie auf unterschiedliche Temperaturen im Ofen bei der Wärmebehandlung der Rohteile zurückzuführen sein.

4.1.2.2 Einfluß des Werkstoffs

In Bild 35 sind die Kraft-Weg-Verläufe für die beiden Werkstoffe AlMgSi 0,5 und QSt 32-3 gegenübergestellt. Beide Verläufe haben die exakt gleiche Charakteristik. Entsprechend der größeren Radialspannungen für den Stahlwerkstoff treten auch hier größere Reibkräfte im Aufnehmer auf. Insgesamt liegen die Kräfte für den QSt 32-3 etwa 3,5 mal so hoch wie bei AlMgSi 0,5, entsprechend den Fließspannungen dieser Werkstoffe. Dies wird deutlich, wenn die bezogenen Stempelkräfte auf die dem jeweiligen Werkstoff entsprechende Fließspannung normiert werden. Als Mittelwert wurde die Fließspannung bei einem Umformgrad von φ = 0,7 gewählt. Im unteren Teil des Bildes 35 sind die bezogenen Stempel- und Gegenstempelkräfte auf $k_{f\,0,7}$ bezogen. Man erkennt eine gute Übereinstimmung der Kurven für die beiden Werkstoffe. Der Stahlwerkstoff weist mit zunehmendem Stempelweg etwas höhere Werte auf. Das liegt daran, daß sich die mittlere Fließspannung, die zur Normierung gewählt wurde, mit zunehmendem Stempelweg stärker von der tatsächlichen Fließspannung unterscheidet. Die Unterschiede in den Fließspannungen der beiden Werkstoffe werden wegen des unterschiedlichen Verfestigungsverhaltens mit wachsender Umformung, d.h. zunehmendem Stempelweg, immer größer. Neben diesem systematischen Einfluß können auch zufällige Streuungen bei der Ermitt-

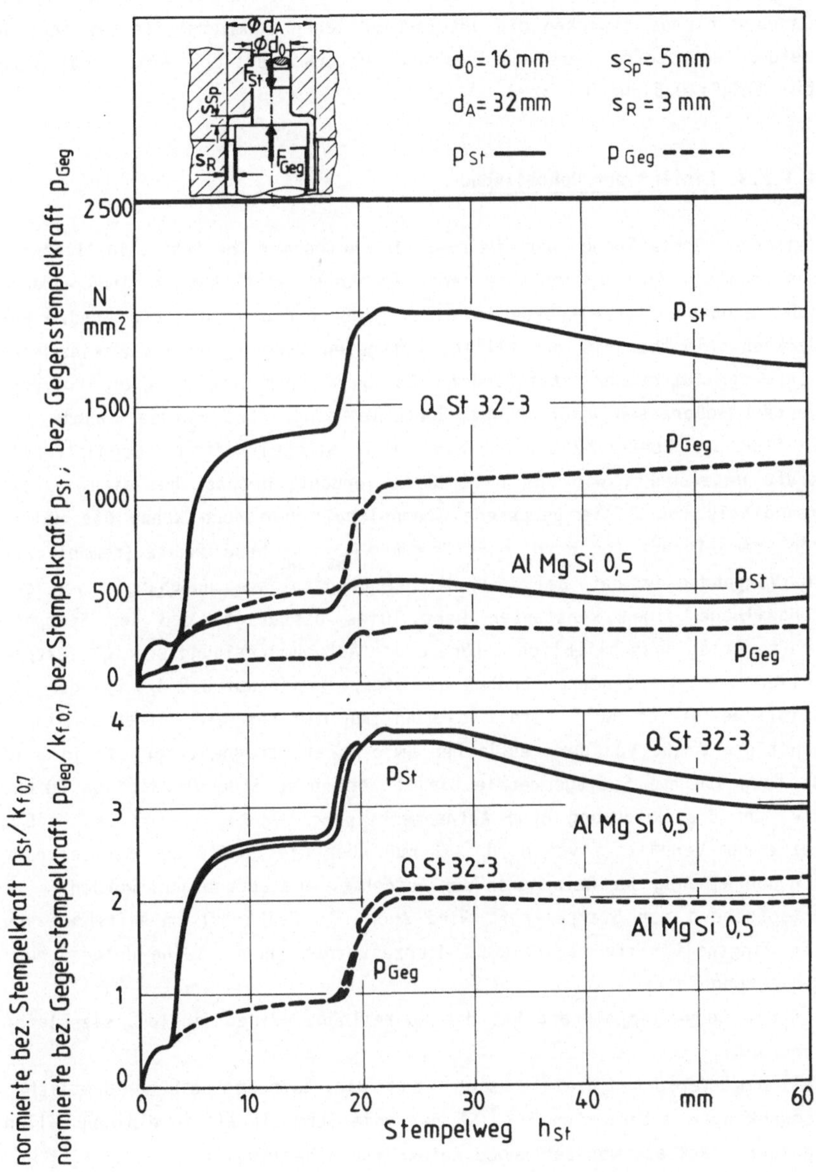

Bild 35: Einfluß des Werkstoffs auf den Kraft-Weg-Verlauf.

lung der Kraft-Weg-Verläufe zu Unterschieden in den Kurven führen. Darüber hinaus bewirken die unterschiedlichen Schmierstoffe die für die beiden Werkstoffe verwendet werden, unterschiedliche Reibverhältnisse bei AlMgSi 0,5 und QSt 32-3.

4.1.2.3 Einfluß der Rohteilhöhe

Zwischen Rohteilhöhe und Reibung im Aufnehmer besteht ein linearer Zusammenhang /1/. Der entsprechende Reibkraftanteil kann so groß werden, daß bezogene Stempelkräfte in einer Größenordnung, die die Grenze der Werkzeugbelastbarkeit darstellen, auftreten können, ohne daß eine nennenswerte Umformung stattfindet. Da beim Kombinierten Quer-Napf-Vorwärts-Fließpressen sehr lange Rohteile eingesetzt werden, wurde der Einfluß der Rohteilhöhe auf die maximale Stempelkraft und Gegenstempelkraft untersucht. Wie aus Bild 36 hervorgeht, beträgt bei einem h_0/d_0-Verhältnis von 2 die gemessene Stempelkraft nur noch knapp die Hälfte der Stempelkraft für $h_0/d_0 = 6$. Die mit $F_{St\,end}$ bezeichnete Stempelkraft zu Vorgangsende hat bei gleicher Restzapfenlänge unabhängig von der Rohteilhöhe einen konstanten Wert. Dies bestätigt, daß der Stempelkraftanstieg ausschließlich aufgrund der Aufnehmerreibung erfolgt. Extrapoliert man die lineare Abnahme der Stempelkraft auf $0,5 \cdot d_0$, bei der die Reiblänge gleich Null wird, so kann man die für die Aufnehmerreibung benötigte Kraft von der restlichen Umformkraft trennen. Für die in Bild 36 dargestellte Spaltgeometrie bleibt noch eine Stempelkraft von 50 kN, die für die Umformung ohne Aufnehmerreibung benötigt wird. Das heißt, bei einem Verhältnis von $h_0/d_0 = 6$ muß über die Hälfte der Stempelkraft zur Überwindung der Reibung an der Aufnehmerwand aufgebracht werden.
Entsprechend der Stempelkraft wird auch die Reibkraft im Aufnehmer von der Ringspaltbreite beeinflußt. Hierzu wurden jedoch keine Untersuchungen durchgeführt.
Auf die Gegenstempelkraft hat die Rohteilhöhe keinen Einfluß, sie bleibt konstant.
Bei den Versuchen zeigte sich, daß die Aufnehmerreibung deutlichen Schwankungen unterworfen ist. So fiel die Stempelkraft in einigen Fällen weniger stark ab, was auf große Reibkräfte hinweist.

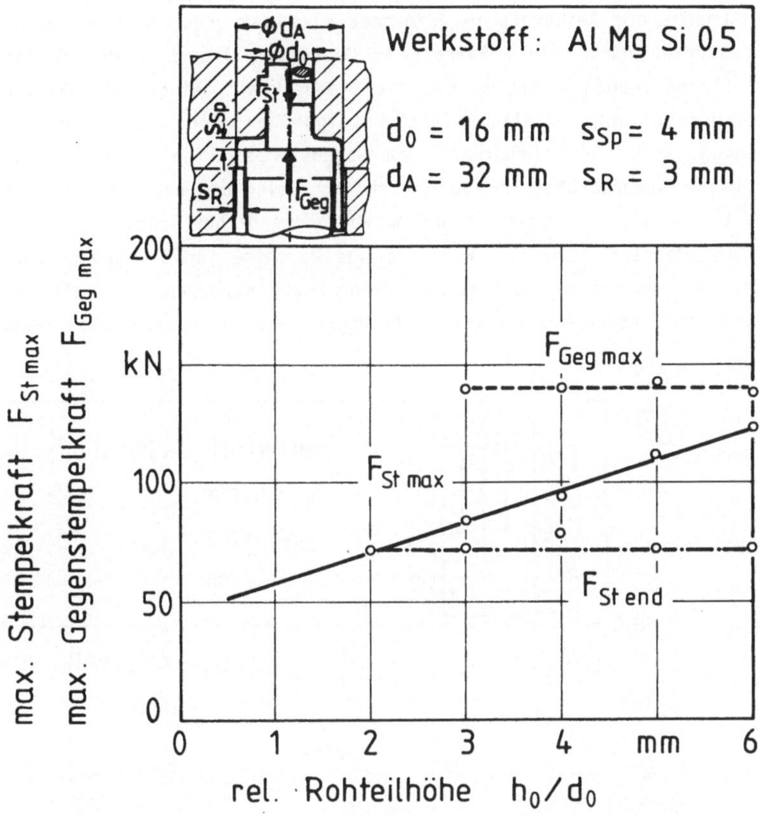

Bild 36: Einfluß der Rohteilhöhe auf die maximalen Stempelkräfte.

4.1.2.4 Einfluß des Hohlkörperdurchmessers

Bild 37 zeigt einige Kraft-Weg-Verläufe für verschiedene Hohlkörperdurchmesser. Die Stempelkraft wird bezüglich ihrer Maximalkraft nicht
beeinflußt. Lediglich der Steilanstieg der Kraft bei der Umlenkung zum
Hohlkörper verkürzt sich mit zunehmendem Außendurchmesser, was im größeren Querfließpreßanteil am Gesamtvorgang begründet liegt. Die Kraft am
Gegenstempel nimmt entsprechend der Querschnittfläche des Gegenstempels
zu.

Die Abnahme der Reibkraft im Aufnehmer wird bei größeren Außendurchmessern stärker durch die Reibkraft am Gegenstempel und an der Matrizenstirnfläche ausgeglichen, so daß die Stempelkraft bei großen Außendurchmessern nicht mehr abfällt. Sie übersteigt aber nicht den zu Beginn der Umlenkung erreichten Größtwert. Am Gegenstempel kann jedoch die Kraft für große Außendurchmesser auch nach der Umlenkung noch leicht ansteigen, so daß hier die größte Kraft am Vorgangsende herrscht.
Für die Beanspruchung von Werkzeug und Maschine ist die größte während eines Umformvorgangs auftretende Umformkraft maßgebend. Deshalb wurden aus den im Versuch ermittelten Kraft-Weg-Verläufen die jeweilige Maximal-

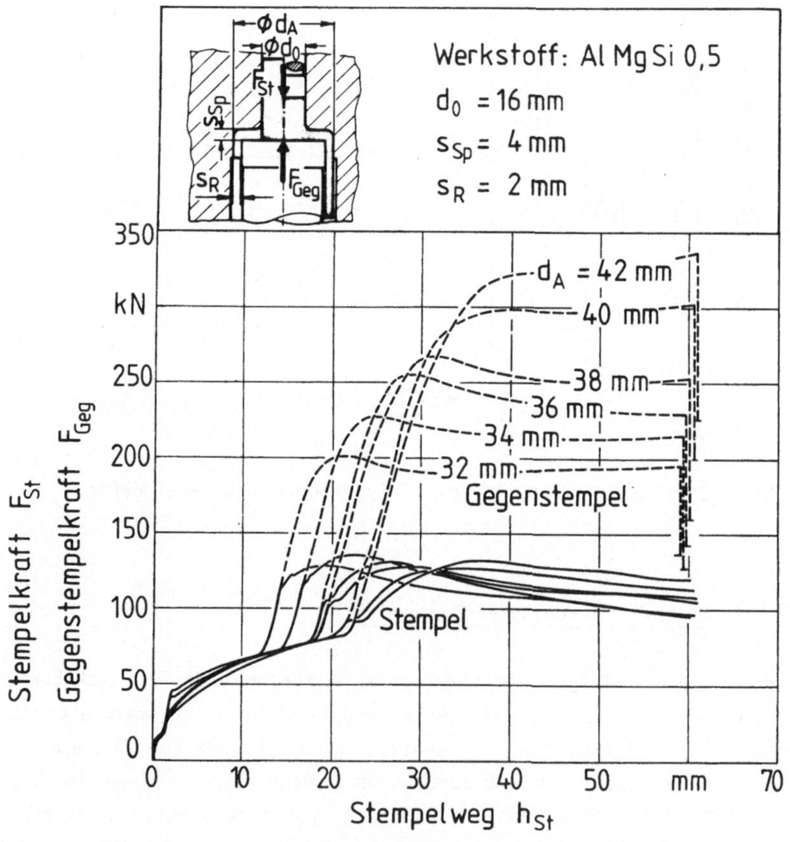

Bild 37: Einfluß des Hohlkörperaußendurchmessers auf den Kraft-Weg-Verlauf.

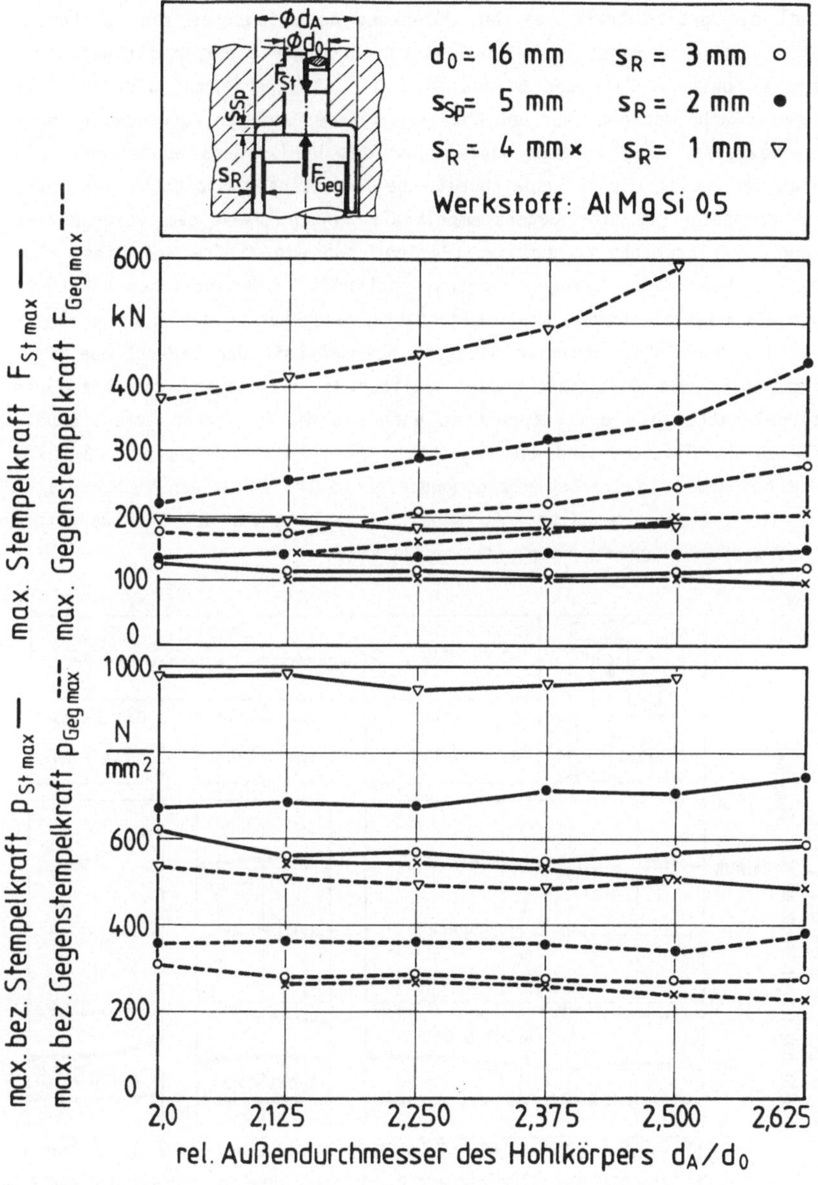

Bild 38: Einfluß des Hohlkörperaußendurchmessers auf die Stempelkräfte.

kraft ermittelt. Sowohl am Stempel als auch am Gegenstempel tritt in der Regel die größte Kraft bei der Umlenkung des Flansches zum Hohlkörper auf. In Bild 38 sind im oberen Teil die Größtwerte der Kräfte aufgetragen; im unteren Teil des Bildes sind die Größtwerte auf die jeweilige Stempelfläche bezogen. Auf der Abszisse ist der auf den Ausgangsdurchmesser bezogene relative Außendurchmesser des Hohlkörpers abgetragen. Als Parameter wurde die Ringspaltbreite bei konstanter Spalthöhe variiert. Man erkennt, daß die Gegenstempelkraft entsprechend dem vergrößerten Gegenstempelquerschnitt zunimmt. Bezieht man die Kräfte auf diese Fläche, so bleibt die bezogene Gegenstempelkraft im wesentlichen konstant. Auch die maximale Stempelkraft bleibt bei Vergrößerung des Außendurchmessers konstant. Die maximale bezogene Stempelkraft und Gegenstempelkraft sind somit vom Außendurchmesser weitgehend unabhängig. Die bezogenen Stempelkräfte sind etwa doppelt so hoch wie die bezogenen Gegenstempelkräfte. In Bild 39 sind die Ergebnisse für AlMgSi 0,5 und QSt 32-3 für eine bestimmte Spaltgeometrie gegenübergestellt. Es zeigen sich qualitativ die gleichen Verhältnisse, wobei die Kräfte für den Stahlwerkstoff etwas größeren Schwankungen unterworfen sind.

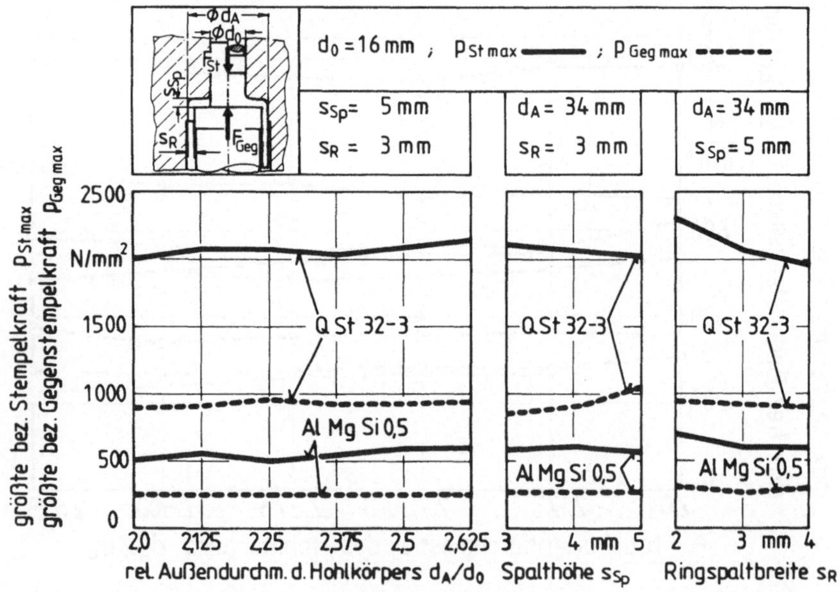

Bild 39: Einfluß des Hohlkörperaußendurchmessers für verschiedene Werkstoffe.

4.1.2.5 Einfluß der Spalthöhe

Die Spalthöhe hat einen deutlichen Einfluß auf die Stempelkraft beim Querfließpreßvorgang /14/. Dies wird in Bild 40 bestätigt, in dem die Kraft-Weg-Verläufe für verschiedene Spalthöhen dargestellt sind. Je geringer die Spalthöhe umso früher erreicht der radial ausgepreßte Werkstoff die Umlenkung und umso höher sind die Kräfte für den Teilvorgang Querfließpressen. Die Kraftspitze infolge der Umlenkung verringert sich mit kleiner werdender Spalthöhe, da eine geringere Querschnittsverminderung während der Umlenkung erfolgt. Für den Fall, daß die Spalthöhe

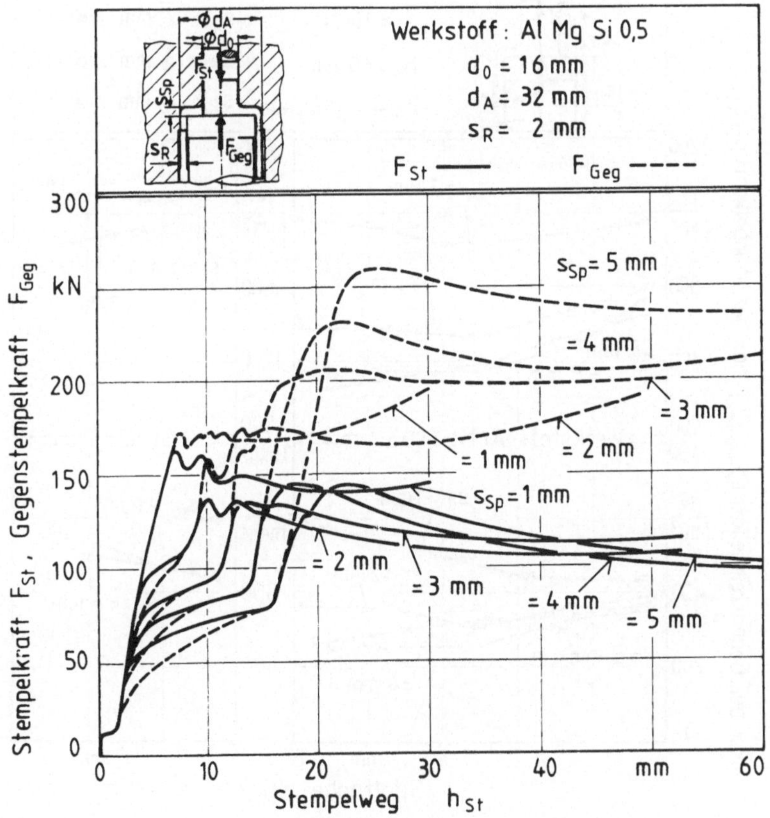

Bild 40: Einfluß der Spalthöhe auf den Kraft-Weg-Verlauf.

kleiner wird als die Ringspaltbreite, der Flansch also frei umgelenkt wird, treten mehrere Kraftspitzen auf, bis die Umlenkung erfolgt ist. Der Werkstoff staucht sich zunächst an der Wand, wird dann etwas umgelenkt, staucht sich wieder, wird weiter umgelenkt usw., bis die Umlenkung vollständig ausgeführt ist. Der Werkstoff hat keinen Kontakt mit dem Fließbund des Gegenstempels. Nach erfolgter Umlenkung steigen Stempelkraft und Gegenstempelkraft im Gegensatz zum Vorgang mit Querschnittsreduzierung langsam an und erreichen zum Teil Werte, die über den Werten der Kraftspitze liegen.

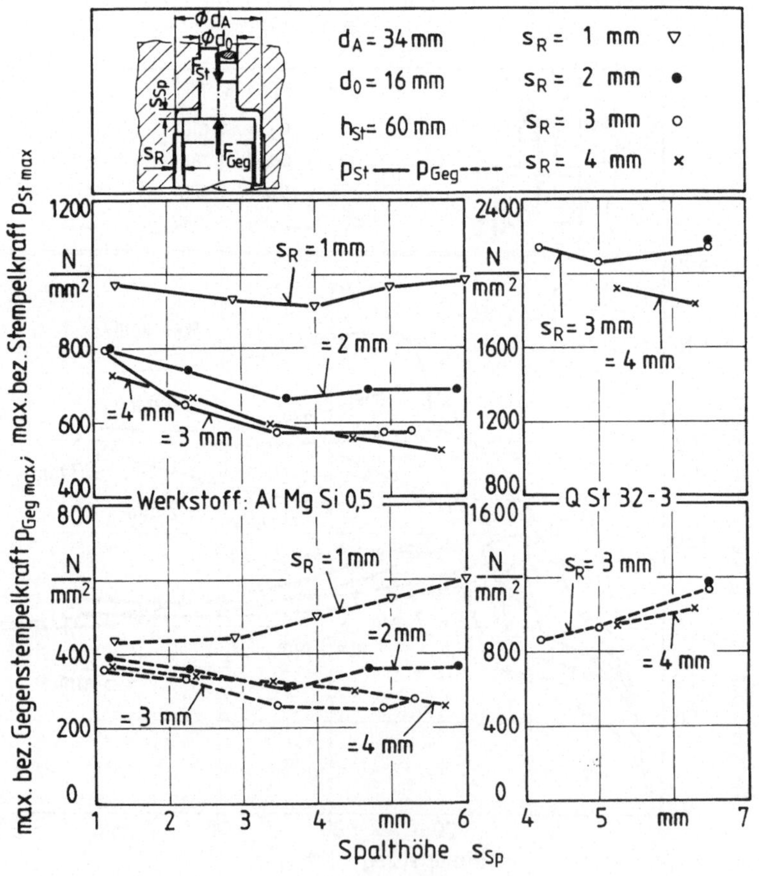

Bild 41: Einfluß der Spalthöhe auf die maximalen bezogenen Stempelkräfte.

In Bild 41 ist der Einfluß der Spalthöhe für verschiedene Ringspalt-breiten auf die maximalen bezogenen Kräfte dargestellt. Da die tatsächliche Spalthöhe während des Vorgangs wegen der Auffederung im Werkzeug und der elastischen Stauchung des Gegenstempels größer als die eingestellte Spalthöhe war, wurde die Spalthöhe nachträglich durch Ausmessen der Bodendicke bestimmt. Solange die Ringspaltbreite kleiner als die Spalthöhe ist, bleibt die maximale bezogene Stempelkraft annähernd unabhängig von der Spalthöhe, während die maximale bezogene Gegenstempelkraft abnimmt. Wird die Ringspaltbreite größer oder gleich der Spalthöhe, nehmen die Maximalwerte wieder zu. Die gemachten Aussagen gelten für beide untersuchten Werkstoffe.

4.1.2.6 Einfluß der Ringspaltbreite

Wie bereits im letzten Kapitel erwähnt, ist die Größe der Querschnitts-verminderung während der Umlenkung ausschlaggebend für die auftretenden Kräfte am Stempel und Gegenstempel. Aus diesem Grunde ist in Bild 42 die Ringspaltbreite auf die Spalthöhe bezogen und logarithmisch dargestellt. Als Parameter wurde die aus der Bodendicke ermittelte Spalthöhe bei konstantem Hohlkörperaußendurchmesser variiert.
Werkstücke mit freier Umlenkung des Flansches brachten, wie noch gezeigt wird, keine befriedigenden Ergebnisse. Deshalb werden hier nur Werkstücke betrachtet, bei denen die Ringspaltbreite kleiner als die Spalthöhe war, d.h. die relative Spaltbreite kleiner als 1 war. Aus dem Bild wird deutlich, daß sich bei logarithmischer Darstellung der relativen Ringspaltbreite Geraden ergeben. Die bezogenen Stempel- und Gegenstempelkräfte nehmen mit zunehmender relativer Spaltbreite linear ab. Geringere Spalthöhen erfordern etwas höhere Kräfte an Stempel und Gegenstempel bei gleicher relativer Ringspaltbreite. Die Steigerung der ermittelten Regressionsgeraden ist für alle Spalthöhen annähernd gleich. Bei QSt 32-3 liegen die Werte für die Gegenstempelkraft sehr nahe beieinander, weisen aber gleichzeitig große Streuungen auf. Daher zeigt sich der Einfluß der Spalthöhe auf die Ringspaltbreite hier nicht so eindeutig. Bezüglich der Stempelkräfte für den Stahlwerkstoff bestätigen sich die für die Aluminium-Knetlegierung gemachten Aussagen.

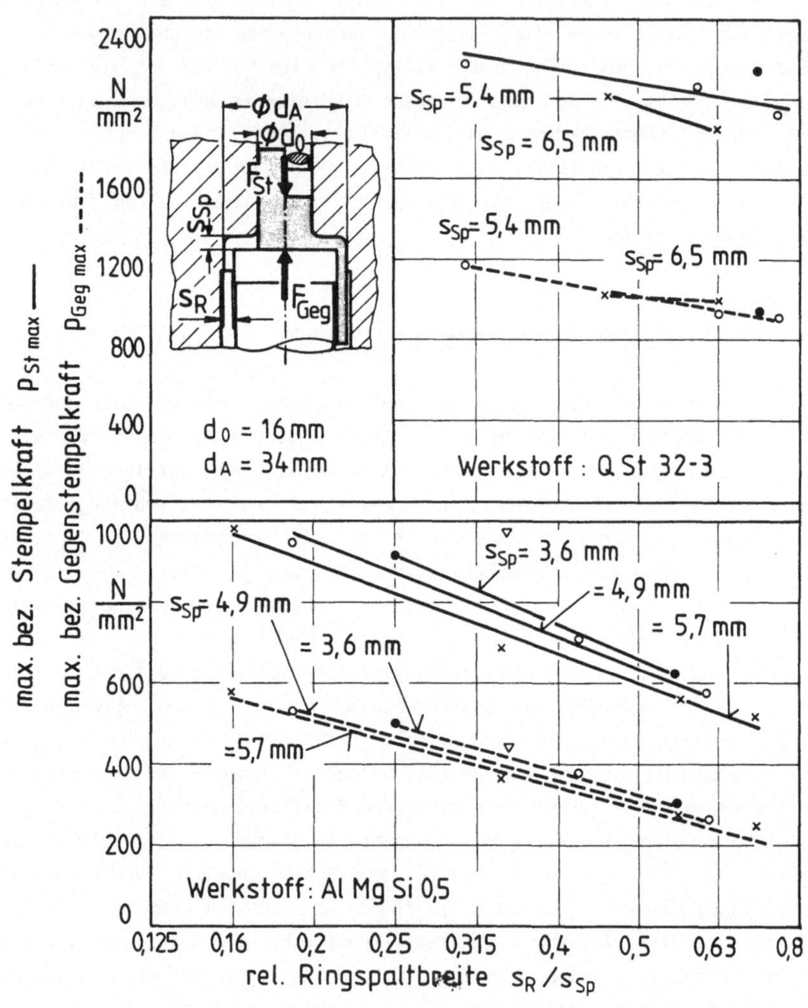

Bild 42: Einfluß der bezogenen Ringspaltbreite auf die maximalen bezogenen Stempelkräfte.

4.1.2.7 Einfluß der Spaltgeometrie

Die Spaltgeometrie wird durch die drei Größen Spalthöhe, Spaltbreite entsprechend dem Hohlkörperaußendurchmesser und der Ringspaltbreite charakterisiert. Der Einfluß dieser Größen ist in Bild 43 zusammengefaßt. Innerhalb eines gewissen Streubereichs für die unterschiedlichen Hohlkörperdurchmesser verlaufen die Geraden für die bezogenen maximalen Stempelkräfte waagrecht, gestuft in Abhängigkeit von der Ringspaltbreite. Es bestätigen sich die in den Bildern 41 und 42 gemachten Aussagen, wonach die berechneten maximalen Stempelkräfte unabhängig von der Spalthöhe jedoch stark abhängig von der Ringspaltbreite sind. Der Sprung von einer Ringspaltbreite zur nächst kleineren bewirkt einen überproportionalen Anstieg der bezogenen Kräfte. Gleichzeitig nimmt die Streuung der Werte mit kleiner werdender Ringspaltbreite zu.

Die Geraden für die bezogenen maximalen Gegenstempelkräfte nehmen mit größer werdender Spalthöhe bzw. kleiner werdender relativen Ringspaltbreite zu. Das bedeutet, daß sich das Verhältnis zwischen bezogenen Maximalkräften am Gegenstempel und Stempel zugunsten der Gegenstempelkraft verschiebt. Eine kleinere relative Ringspaltbreite bewirkt einen größeren Gegendruck bei der Umlenkung. Somit steigt auch die Belastung des Gegenstempels.

In Bild 44 ist das Verhältnis der max. bezogenen Stempelkraft p_{St} zur max. bezogenen Gegenstempelkraft p_{Geg} in Abhängigkeit von der Spaltgeometrie dargestellt. Die Geraden für die Ringspaltbreiten wurden durch lineare Regression durch die einzelnen Meßwerte ermittelt. Das Verhältnis p_{St}/p_{Geg} ist unabhängig vom Hohlkörperaußendurchmesser und vom Werkstoff. Für abnehmende relative Ringspaltbreite nimmt der Anteil der bezogenen Gegenstempelkraft von 0,45 bis auf $0,6 \cdot p_{St}$ zu.

Wurde die Spaltgeometrie dahingehend abgeändert, daß die Spalthöhe nach außen hin abnimmt, so wurde ein zusätzlicher Gegendruck bereits bei der Ausbildung des Flansches aufgebracht (Bild 45). Wie dieser Gegendruck die bezogenen Kräfte am Stempel und Gegenstempel beeinflußt, zeigt Bild 46. In diesem Bild sind die beim Umformen eines Werkstücks mit Flanschdickenverringerung auftretenden bezogenen Stempelkräfte den bezogenen Kräften gegenübergestellt, die sich beim Umformen eines Werkstücks ergeben, bei dem sich der Flansch frei ausbilden konnte. Spalthöhe, Ringspaltbreite und Hohlkörperdurchmesser sind für beide Werkstücke gleich. Die Spalthöhe s_{Sp} bezeichnet die Spalthöhe an der Stelle, an der der Werkstoff radial durch die ringförmige Werkzeugöffnung austritt.

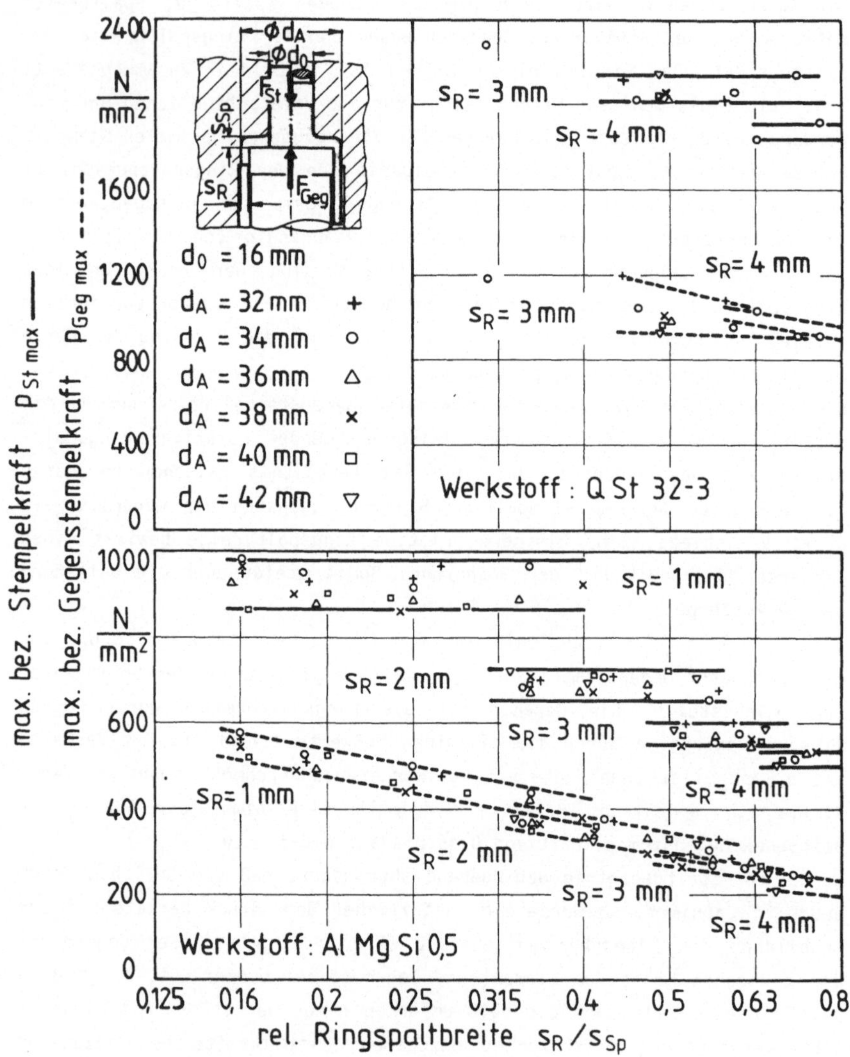

Bild 43: Einfluß der Spaltgeometrie auf die maximalen bezogenen Stempelkräfte.

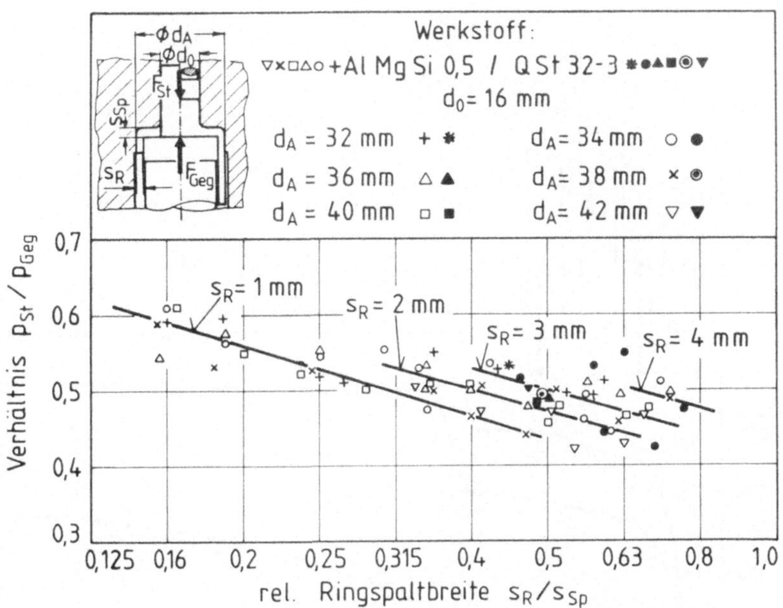

Bild 44: Einfluß der Spaltgeometrie auf das Verhältnis zwischen maximaler bezogener Stempelkraft und Gegenstempelkraft.

a) Querfließpressen

b) Kombiniertes Quer-Napf-
Vorwärts-Fließpressen

Bild 45: Aufbringen eines Gegendruckes durch abnehmende Spalthöhe.

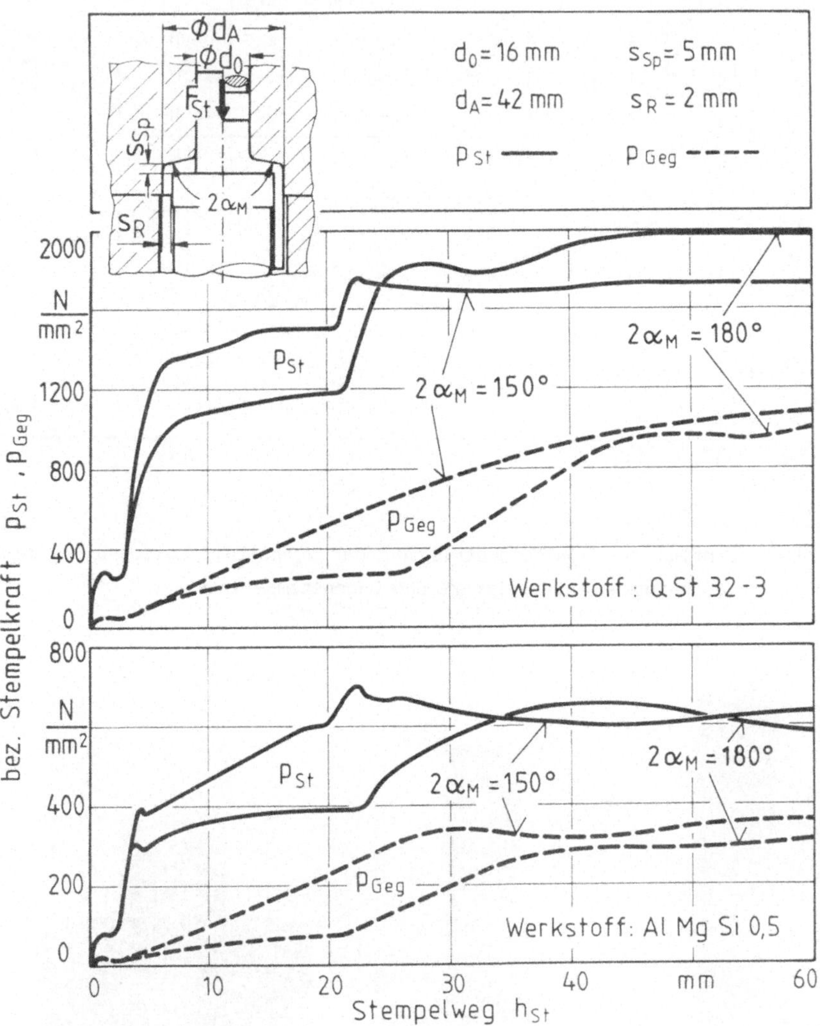

Bild 46: Kraft-Weg-Verlauf bei kegeliger Matrizenstirnfläche
$(2\alpha_M = 150^\circ)$.

Der Gegendruck zeigt sich in einem gleichmäßigen Anstieg der Kräfte von Beginn des Vorgangs an. Durch die Verringerung der Spalthöhe ist die Querschnittsabnahme bei der Umlenkung kleiner. Deshalb fallen hier die Kräfte nach Erreichen des Maximums wieder ab, während die Kräfte bei freier Flanschausbildung durch das Ausfüllen des restlichen Spaltvolumens und der anschließenden deutlich größeren Querschnittsverminderung noch weiter steigen und ihr Maximum später erreichen. Die Maximalkräfte für die kegelige Matrizenöffnung liegen nur geringfügig höher als bei planparalleler Matrizenöffnung. Im Falle des Werkstoffs QSt 32-3 liegt die bezogene Stempelkraft sogar niedriger als bei der freien Flanschausbildung. Der aufgebrachte Gegendruck war offensichtlich sehr gering, so daß er fast keine Auswirkungen auf die maximal auftretenden Belastungen hatte. Dieser geringe Gegendruck reichte jedoch aus, eine Rißbildung im Flansch zu unterdrücken, wie noch gezeigt werden wird.

4.1.2.8 Einfluß der Gegenstempelform

Zur Untersuchung des Einflusses der Gegenstempelform auf die Kräfte wurde der Fließbundradius am Gegenstempel variiert. Ein Gegenstempel mit kegeliger Stirnfläche, wie sie gewöhnlich beim Napf-Rückwärts-Fließpressen verwendet wird, wurde ebenfalls untersucht. Bild 47 vergleicht die Kraft-Weg-Verläufe für den Gegenstempel mit kegeliger und mit ebener Stirnfläche. Um eine vergleichbare relative Ringspaltbreite zu erhalten, wurde hier die Spalthöhe an der Stelle vor der Umlenkung zum Hohlkörper mit s_{Sp} bezeichnet. Dadurch ist die Spalthöhe am Übergang vom Schaft zum Flansch kleiner als bei ebener Stirnfläche und öffnet sich nach außen hin. Die im Vergleich zum ebenen Gegenstempel kleinere Spalthöhe zu Beginn des Vorgangs bewirkt eine höhere Stempel- und Gegenstempelbelastung während des Querfließpreßvorgangs. Der Werkstoff erreicht außerdem früher den Durchmesser für die Umlenkung. Bevor der Werkstoff umgelenkt wird, müssen zuerst die Hohlräume des sich vergrößernden Spalts ausgefüllt werden. Dieser Vorgang ist deutlich durch einen Absatz im Kraft-Weg-Verlauf erkennbar.
Ein Gegenstempel mit kegeliger Stirnfläche führt in der Regel zu etwas höheren Kräften am Stempel. Die Belastung des Gegenstempels wird dagegen leicht verringert. Dies wird auch in Bild 48 bestätigt, wo die maximalen bezogenen Kräfte für den Gegenstempel mit kegeliger Stirnfläche und die

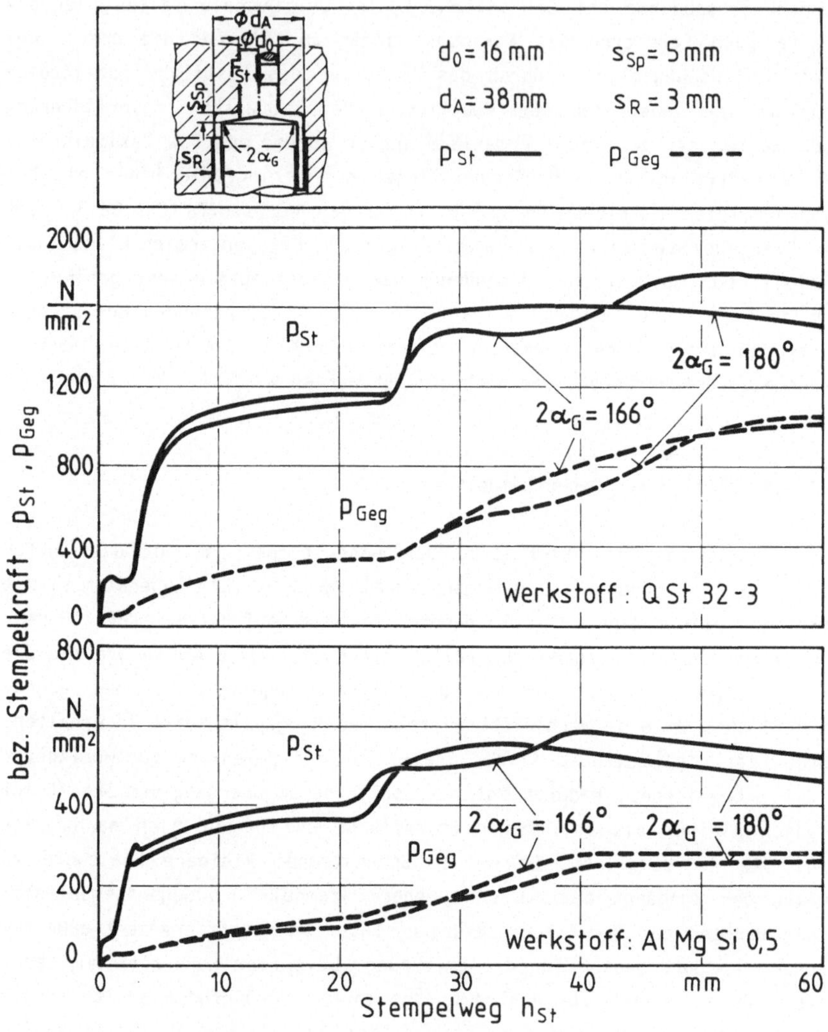

Bild 47: Kraft-Weg-Verlauf bei kegeliger Gegenstempelstirnfläche
$(2\alpha_G = 166°)$.

Gegenstempel mit ebener Stirnfläche aber unterschiedlicher Fließbundra
dien dargestellt sind. Der Fließbundradius beim Gegenstempel mit kegeli
ger Stirnfläche betrug 0,5 mm. Bild 48 zeigt außerdem, daß mit zunehmen
dem Gegenstempelradius sowohl die bezogene Stempelkraft als auch di
bezogene Gegenstempelkraft zunehmen. Für die Ringspaltbreite s_R = 1 m
sind die Kraftstreuungen so groß, daß hier deutliche Abweichungen vo
der allgemeinen Tendenz auftreten. Bezüglich der Stempelkraft ergib
sich in einigen Fällen ein Kraftminimum bei r_G = 1 mm. Die Zunahme de
Kraft kann mit einer Vergrößerung der Reibfläche an der Stempelkantenrun
dung begründet werden. An scharfen Kanten treten hohe Scherbeanspruchun
gen auf, so daß für sehr kleine Kantenradien die Kraft wieder ansteigt
Diese Beobachtungen stimmen mit Ergebnissen über den Einfluß der Stempel
form auf die Kraft beim Napf-Rückwärts-Fließpressen überein /43/. Auc
hier werden höhere Stempelkräfte für größere Stempelkantenradien beobach
tet.

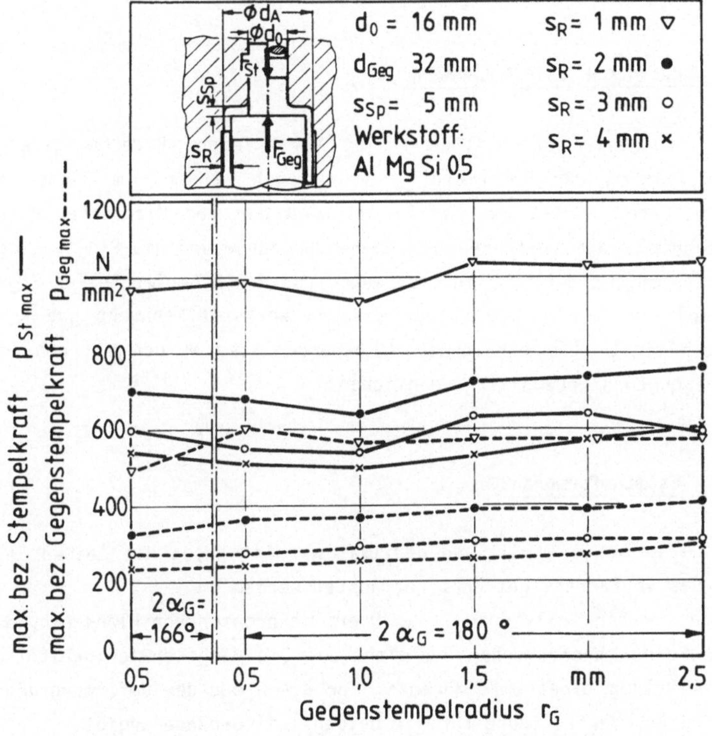

Bild 48: Einfluß der Gegenstempelform auf die Stempelkräfte.

4.1.2.9 Kraftbedarf für das Anwendungsbeispiel Klauenteil

Beim Klauenteil wird der Ringspalt teilweise geschlossen, so daß Werkstoff nur durch die verbleibenden Öffnungen fließen kann. An den geschlossenen Bereichen staut sich der Werkstoff und fließt seitwärts in Richtung der Öffnungen ab. Dadurch kommt es zu großen Scherbeanspruchungen in den Übergängen vom Randbereich des querfließgepreßten Flansches zu den Klauen. Dementsprechend steigt der Kraftbedarf am Stempel und die Beanspruchung des Gegenstempels. Während die Zunahme der bezogenen Kräfte bei der Aluminium-Knetlegierung etwa 20 % beträgt, fällt der Kraftzuwachs aufgrund des größeren Verfestigungsexponenten bei dem Stahlwerkstoff noch höher aus. Bild 49 zeigt die Kraft-Weg-Verläufe eines Klauenteils im Vergleich zu einem Werkstück gleicher Werkzeuggeometrie aber mit nicht unterbrochenem Ringspalt bzw. Hohlkörper. Die Kräfte sind wieder auf die jeweilige Stempelfläche bezogen.

4.2 THEORETISCHE UNTERSUCHUNGEN

In den folgenden Abschnitten sollen verschiedene Berechnungsverfahren zur Bestimmung der Umformkraft herangezogen werden. Im Rahmen dieser Untersuchungen wurden zwei Verfahren nach der von Misesschen Plastizitätstheorie - das Verfahren der oberen Schranke und die Finite-Elemente-Methode - angewendet. Schließlich wurde aus den experimentellen Ergebnissen empirisch ein Zusammenhang zwischen Werkstoffkennwert und Kraftbedarf ermittelt. Die erhaltenen Rechenergebnisse wurden mit den im Versuch gewonnenen Ergebnissen verglichen.

4.2.1 Gesamtumformgrad

Zur theoretischen Ermittlung der Umformkraft müssen die beiden Teilvorgänge des Verfahrens getrennt betrachtet werden.
Über den ersten Teilvorgang, das Querfließpressen von Flanschen, gibt es bisher keine theoretischen Herleitungen. Die Hauptschwierigkeit liegt in der Ermittlung eines Umformgrades, der die Größe der Umformung und somit den Grad der Verfestigung für die beiden Teilvorgänge angibt.

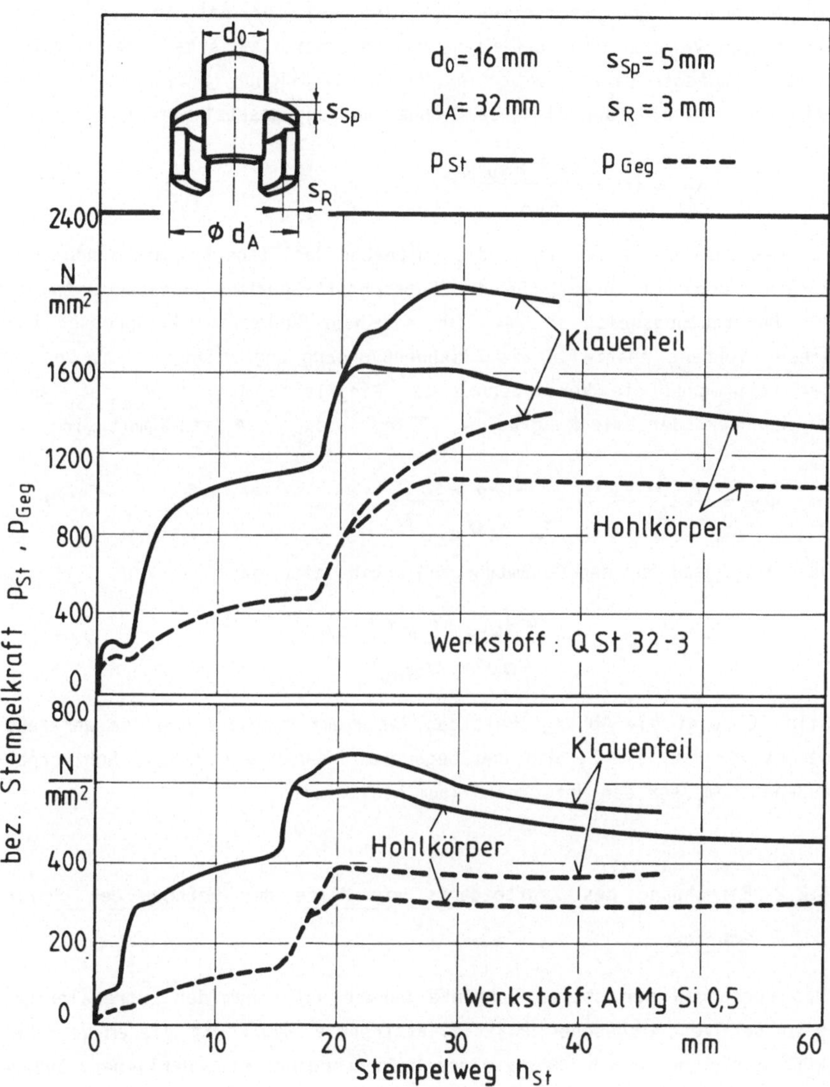

Bild 49: Kraft-Weg-Verlauf beim Kombinierten Quer-Hohl-Vorwärts-Fließ-
pressen eines Klauenteils.

Beim Teilvorgang Querfließpressen ist die Spalthöhe die kraftbestimmende Vorgangsgröße. Der Stempelweg ist ein Maß für das in den Flansch verdrängte Volumen bzw. den Flanschdurchmesser. Der Anteil des verbleibenden Zapfens (h_2) bleibt in der urspünglichen zylindrischen Form erhalten. Deshalb kann als Gesamtlängenänderung gesetzt werden:

$$\varphi_1 = \ln \frac{h_{st} + s_{sp}}{s_{sp}} \tag{5}$$

Für den zweiten Teilvorgang, die Umlenkung des Flansches mit Wanddickenverminderung, ist die Größe der Querschnittsabnahme maßgebend. Ähnlich der Betrachtungsweise in /44/ für das Napf-Rückwärts-Fließpressen kann dieser Vorgang ebenfalls als Fließpreßvorgang angesehen werden, bei dem der Umformgrad die Verminderung der Ringfläche $A_2 = \pi\, d_{Geg}\, s_{Sp}$ beim Durchwandern der Umlenkung auf $A_3 = \pi\,(d_A^2 - d_{Geg}^2)/4$ ist. Damit wird:

$$\varphi_2 = \ln \frac{A_2}{A_3} = \ln \frac{4 \cdot d_{Geg}\, s_{sp}}{d_A^2 - d_{Geg}^2} \tag{6}$$

Der Umformgrad für den Gesamtvorgang ergibt sich zu:

$$\varphi_{Ges} = \varphi_1 + \varphi_2 = \ln \frac{4 \cdot d_{Geg}\,(h_{st} + s_{sp})}{d_A^2 - d_{Geg}^2} \tag{7}$$

Bild 50 zeigt die Abhängigkeit des Gesamtumformgrades von der Werkzeuggeometrie. Man sieht, daß der Gegenstempeldurchmesser bzw. Hohlkörperaußendurchmesser den Umformgrad kaum beeinflußt.

4.2.2 Berechnung des Kraftbedarfs mit Hilfe der Methode der oberen Schranke

Das Verfahren der oberen Schranke beruht auf einem der Extremalprinzipien der von Misesschen Plastizitätstheorie /45/. Mit diesem Verfahren können die zur Durchführung eines Umformvorgangs erforderlichen, äußeren Kräfte bestimmt werden. Als Grundlage zur Berechnung des Umformvorgangs dient ein kinematisch zulässiges Geschwindigkeitsfeld. Für einen starrplastischen Werkstoff gilt dann, daß unter allen Geschwindigkeitsfeldern, die den Randbedingungen für die Geschwindigkeiten und der Bedin-

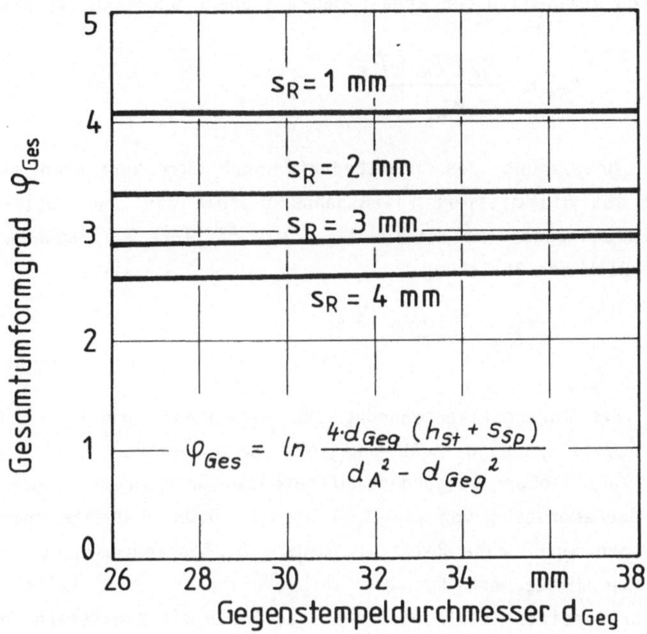

Bild 50: Einfluß des Gegenstempeldurchmessers auf den Gesamtumformgrad bei der Berechnung nach Gleichung (7).

gung der Volumenkonstanz genügen, das wirkliche Geschwindigkeitsfeld den kleinsten Wert für die über die Umformzone summierte innere Leistung liefert. Die aufzubringende Umformleistung setzt sich aus drei Anteilen zusammen:

- die ideelle Umformleistung P_U, die benötigt wird, um ein Volumenelement mit dem Anfangsquerschnitt A_0 auf einen Endquerschnitt A_1 umzuformen.

- die Reibleistung P_R, zur Berücksichtigung der Energieverluste, die durch die äußere Reibung zwischen Werkzeug und Werkstück auftreten.

- die Scherleistung P_S, zur Erfassung der Energie, die infolge von Geschwindigkeitsunterschieden an den Trennflächen zum Abscheren des Werkstoffs benötigt wird.

Aus diesen Teilleistungen erhält man als obere Schranke für die Stempelkraft:

$$F_{St} = \frac{P_u + P_R + P_s}{v_{Wz}} \qquad (8)$$

Für die Bestimmung des Kraftbedarfs nach dem Verfahren der oberen Schranke ist die mittlere Fließspannung sowie die Coulombsche Reibzahl in die Berechnungsformel einzusetzen. Die mittlere Fließspannung berechnet sich nach der Beziehung

$$k_{fm} = \frac{k_{f0} + k_{f1}}{2} \qquad (9)$$

mit k_{f0} als Anfangsfließspannung des Werkstoffs und $k_{f1} = C\,\varphi^n$ als momentane Fließspannung in Abhängigkeit vom Umformgrad.

Die bei Kaltfließpreßvorgängen auftretenden Reibzahlen liegen nach /1/ in der Größenordnung von $\mu = 0,04$ bis $\mu = 0,08$. Für die theoretischen Berechnungen wurde eine Reibzahl von $\mu = 0,05$ angenommen, die nach /46/ einen guten Mittelwert für die Reibverhältnisse beim Kaltfließpressen sowohl für beseifte Stahlrohteile als auch für mit Zinkstearat getrommelte Aluminiumteile darstellt.

In Bild 51 ist das Werkstück beim Kombinierten Quer-Napf-Vorwärts-Fließpressen ähnlich einer Analyse der Verfahrenskombination aus Napf-Rückwärts- und Hohl-Vorwärts-Fließpressen von Avitzur /34/ in fünf Bereiche aufgeteilt. Die Umformzone erstreckt sich auf die beiden ringförmigen Bereiche II und III und den zylindrischen Bereich IV. Der Werkstoff in den Bereichen I und V wird als starr angenommen. In den einzelnen Bereichen wurde mit konstanten Geschwindigkeitskomponenten über dem Querschnitt gerechnet. Zwischen der Radialgeschwindigkeit v_r und dem Radius r wurden lineare Zusammenhänge angenommen. Mit den Randbedingungen für die Geschwindigkeiten ergaben sich dann für die einzelnen Bereiche die in Bild 51 zusammengestellten Beziehungen.

Die Ansätze über die Geschwindigkeitsverteilung und Formeln zur Berechnung der Leistungen und Kräfte sind im Anhang zu finden.

Die mit Hilfe der oberen Schranke ermittelten Kraftanteile für verschiedene Ringspaltbreiten zeigt Bild 52. Die berechneten Kräfte gelten für den Gesamtvorgang, d.h. sie gelten erst für den Fall, daß der Werkstoff die Umlenkung zum Hohlkörper ausgeführt hat. Genau zu diesem Zeitpunkt treten auch die Maximalkräfte des Vorgangs auf. Wollte man den ersten

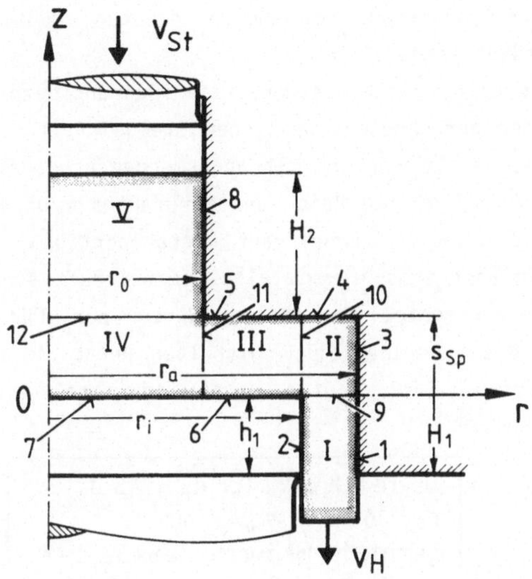

$$\text{Zone } I: \quad v_r = 0 \tag{10}$$

$$v_z = v_H \tag{11}$$

$$\text{Zone } II: \quad v_r = \frac{r}{2 \cdot s_{Sp}} \left(\frac{r_0^2 \, v_{St}}{r_a^2 - r_i^2} \right) \left(1 - \left(\frac{r_a}{r} \right)^2 \right) \tag{12}$$

$$v_z = \left(\frac{r_0^2 \, v_{St}}{r_a^2 - r_i^2} \right) \left(1 - \frac{z}{s_{Sp}} \right) \tag{13}$$

$$\text{Zone } III: \quad v_r = - \frac{r_0^2}{2 \cdot r} \frac{v_{St}}{s_{Sp}} \tag{14}$$

$$v_z = 0 \tag{15}$$

$$\text{Zone } IV: \quad v_r = - \frac{r}{2} \frac{v_{St}}{s_{Sp}} \tag{16}$$

$$v_z = z \frac{v_{St}}{s_{Sp}} \tag{17}$$

$$\tag{18}$$

$$\text{Zone } V: \quad v_r = 0 \tag{19}$$

$$v_z = v_{St}$$

Bild 51: Aufteilung des Werkstücks in 5 Bereiche zur Berechnung der Umformkraft nach dem Verfahren der oberen Schranke.

Teilvorgang Querfließpressen getrennt betrachten, müßte ein gesonderter Ansatz durchgeführt werden.

In Bild 52 sind die auf die mittlere Fließspannung bezogenen gemittelten Versuchswerte der berechneten, bezogenen Stempelkraft gegenübergestellt. Während die ideelle Umformkraft mit abnehmender Ringspaltbreite nur sehr gering zunimmt, steigen die Reib- und Scheranteile überproportional an, so daß auch die gesamte Stempelkraft überproportional steigt. In jedem Fall stellt die rechnerisch ermittelte Stempelkraft eine obere Schranke bezüglich den experimentell ermittelten Werten dar. Für große Ringspaltbreiten liegen die experimentell ermittelten Werte bis zu 25 % unter den berechneten Werten. Dies deutet darauf hin, daß sich das gewählte

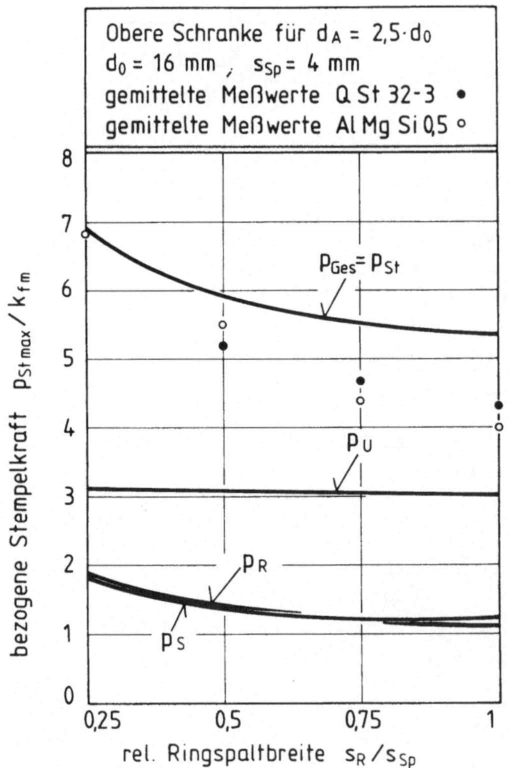

Bild 52: Abhängigkeit der nach dem Verfahren der oberen Schranke berechneten Kraftanteile von der Ringspaltbreite.

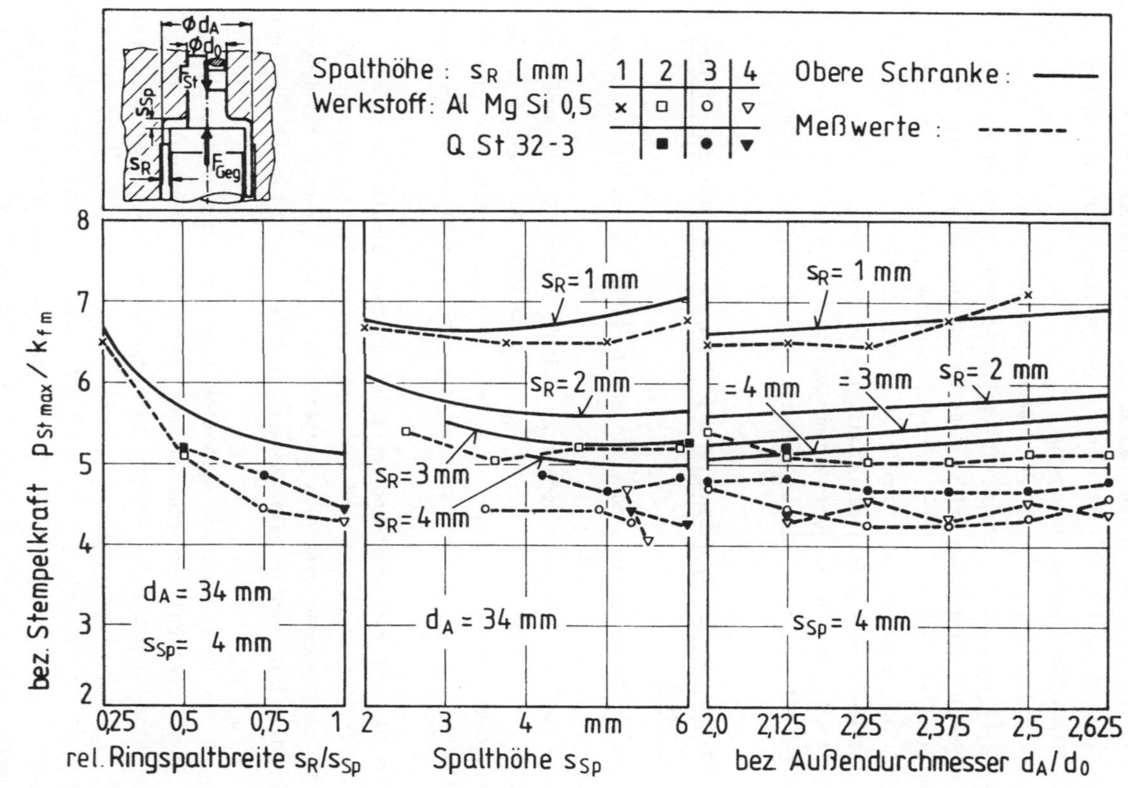

Bild 53: Vergleich der nach dem Verfahren der oberen Schranke berechneten Stempelkräfte mit den gemessenen Kräften.

Geschwindigkeitsfeld, vor allem für große Ringspaltbreiten, erheblich von dem tatsächlichen Geschwindigkeitsfeld unterscheidet. Außerdem wurde durch die Vernachlässigung der Radien das Geschwindigkeitsfeld vereinfacht. Auch die Wahl der mittleren Fließspannung, auf die die Werte bezogen sind, stellt eine Unsicherheit dar.

Bild 53 zeigt, wie die nach der oberen Schranke berechnete bezogene Stempelkraft auf die Variation der Werkzeuggeometrieparameter reagiert. Die zugehörigen gemessenen Kräfte sind mit in das Diagramm eingetragen. Die berechneten Kräfte nehmen für größere Außendurchmesser leicht zu, was für die experimentell ermittelten Stempelkräfte nicht zutrifft. Dagegen stimmt die weitgehende Unabhängigkeit der berechneten Kräfte von der Spalthöhe mit den Versuchswerten überein, wobei QSt 32-3 für große Ringspaltbreiten näher an den berechneten Werten liegt, als AlMgSi 0,5.

4.2.3 Berechnung des Kraftbedarfs mit Hilfe der Methode der Finiten Elemente

Im Rahmen der numerischen Simulation des Verfahrens wurde der Kraft-Weg-Verlauf des Vorgangs berechnet.

Um die Anzahl der Elemente gering zu halten, wurde für die numerische Simulation eine Rohteilhöhe von $h_0/d_0 = 1,5$ gewählt. Zur Überprüfung der rechnerischen Ergebnisse wurden deshalb ergänzende Versuche mit der Rohteilhöhe $h_0/d_0 = 2$ durchgeführt und die Kraft-Weg-Verläufe aufgezeichnet.

In Bild 54 sind die Kraft-Weg-Verläufe für zwei simulierte Geometrien dargestellt. Zum Vergleich sind die experimentell ermittelten Kraft-Weg-Verläufe durchgezogen ebenfalls eingezeichnet. Bei gleichem Außendurchmesser $d_A = 2 \cdot d_0$ wurde die Ringspaltbreite mit $s_R = 0,75 \cdot s_{Sp}$ und $s_R = 0,5 \cdot s_{Sp}$ variiert.

Zu Beginn des Vorgangs zeigt sich eine sehr gute Übereinstimmung zwischen gerechneten und gemessenen Werten. Selbst das Stauchen und Anlegen des Rohteils an die Aufnehmerwand zu Vorgangsbeginn kann gut simuliert werden.

Mit zunehmendem Stempelweg wirkt sich die starke Verzerrung der Elemente aus, wodurch die Kraft immer steiler ansteigt und die Streuung der berechneten Kräfte zunehmend größer wird. Kurz vor Erreichen der Umlenkung wurde das verzerrte Netz neu generiert. Die mit dem neuen Netz berechnete Kraft liefert deutlich niedrigere Werte. Das liegt vor allem

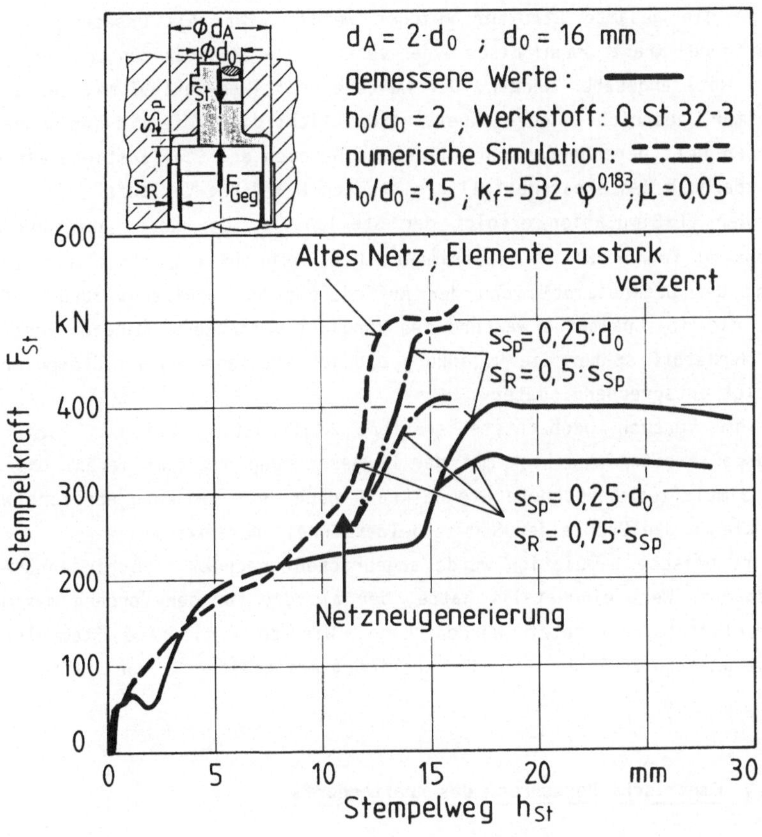

Bild 54: Vergleich der nach der FEM berechneten Stempelkräfte mit den gemessenen Stempelkräften.

an den besseren Eigenschaften und der größeren Anzahl der Elemente, welche die gesamte Struktur weicher werden läßt. Als Ursache für die niedrigere Kraft kann also eine verbesserte Kraftberechnung mit dem neuen Netz angesehen werden. Der weitere Kraft-Weg-Verlauf mit der alten Struktur, gestrichelt gezeichnet, verdeutlicht dies. Die mit dem neugenerierten Netz berechnete Kraft liegt im Bereich des Steilanstiegs eindeutig oberhalb des experimentell ermittelten Kraft-Weg-Verlaufs.

Bei der FE-Simulation erfolgt der Steilanstieg der Kraft aufgrund der Umlenkung früher als im Experiment. Dies ist auf die elastische Stauchung des Gegenstempels und der Auffederung des Werkzeugs zurückzuführen, die die Spalthöhe während des Vorgangs vergrößern. Dadurch erreicht der Werkstoff später die Umlenkung und der Steilanstieg der Stempelkraft erfolgt entsprechend später.

Der im Versuch beobachtete steilere Kraftanstieg bei der kleineren Ringspaltbreite läßt sich mit der FE-Berechnung gut simulieren. Die bei der Simulation berechnete Stempelkraft nach der Umlenkung erreicht Werte, die an die Grenze der Stempelbelastbarkeit herankommen.

Die numerische Simulation wurde abgebrochen, nachdem sich ein annähernd konstanter Wert eingestellt hatte, der als die für den Vorgang maximale Stempelkraft betrachtet werden kann. Die so ermittelte Stempelkraft liegt um etwa 20 % über der im Experiment ermittelten Stempelkraft.

4.2.4 Empirische Berechnung des Kraftbedarfs

Kunogi verwendet eine Beziehung zur Kraftberechnung der Verfahrenskombination aus Napf-Vorwärts-Fließpressen mit Aufweiten und Stauchen /27, 28/, die rein empirischer Natur ist. Sie gilt nur für den von ihm untersuchten Bereich bis $d_A = 1{,}25 \cdot d_o$. Bei der Anwendung auf größere Außendurchmesser liefert die Berechnung nach Kunogi zu geringe Werte.

Aus diesen Gründen wurde für das Kombinierte Quer-Napf-Vorwärts-Fließpressen ein rein empirischer Zusammenhang aus den experimentellen Ergebnissen zur Bestimmung der Stempelkraft ermittelt.

Die Versuche zeigten, daß sich am Ende eines für das Kombinierte Quer-Napf-Vorwärts-Fließpressen typischen Stempelkraft-Weg-Verlaufs

(Bild A1 Anhang) eine bezogene Stempelkraft einstellt, die der Beziehung

$$\bar{p} = k_{fm}\ \varphi_{max} \tag{20}$$

entspricht. Die Fließspannung k_{fm} stellt darin einen Mittelwert aus der Anfangsfließspannung k_{f0} und der Fließspannung bei φ_{max} dar. φ_{max} berechnet sich nach der in Abschnitt 4.2.2 beschriebenen Gleichung (7).
Für die Auslegung der Werkzeuge interessiert jedoch die Kraftspitze, die nach einem Stempelweg von h_{St1} auftritt, d.h. nach dem die Umlenkung erfolgt ist und der Werkstoff die Werkzeugöffnung verläßt. Dieser Stempelweg ist abhängig von der Spalthöhe, der Ringspaltbreite und dem Hohlkörperaußendurchmesser und kann über die Volumenkonstanz berechnet werden:

$$h_{St1} = \frac{s_{Sp}\,(d_A^2 - d_0^2) + l_k\,(d_A^2 - d_{Geg}^2)}{d_0^2} \tag{21}$$

mit l_K als Kalibrierlänge nach der Umlenkung.
Wie entsprechende Versuche mit unterschiedlichen Rohteilhöhen zeigten, erfolgt der Kraftzuwachs im Vergleich zum Vorgangsende allein aufgrund der Reibung im Aufnehmer. Auch Untersuchungen von Bay /47/ zeigten, daß bei großen Aufnehmerlängen der Anteil der Reibkraft an der Stempelkraft sehr groß werden kann.
Setzt man für die Reibschubspannung zu Vorgangsende

$$\tau_R = \bar{p}\ \mu \tag{22}$$

so ergibt sich für den Kraftzuwachs beim Stempelweg h_{St1}

$$F_{RA} = \tau_R\ A_R \tag{23}$$

mit Gleichung (22) und auf die Stempelfläche bezogen ergibt sich damit für die bezogene Aufnehmerkraft:

$$p_{RA} = \frac{4 \cdot l_R}{d_0}\ \bar{p}\ \mu \tag{24}$$

Damit beträgt die maximale bezogene Stempelkraft:

$$p_{St\,max} = k_{fm}\ \varphi_{max}\ \left(1 + \frac{4 \cdot l_R}{d_0}\ \mu\right) \tag{25}$$

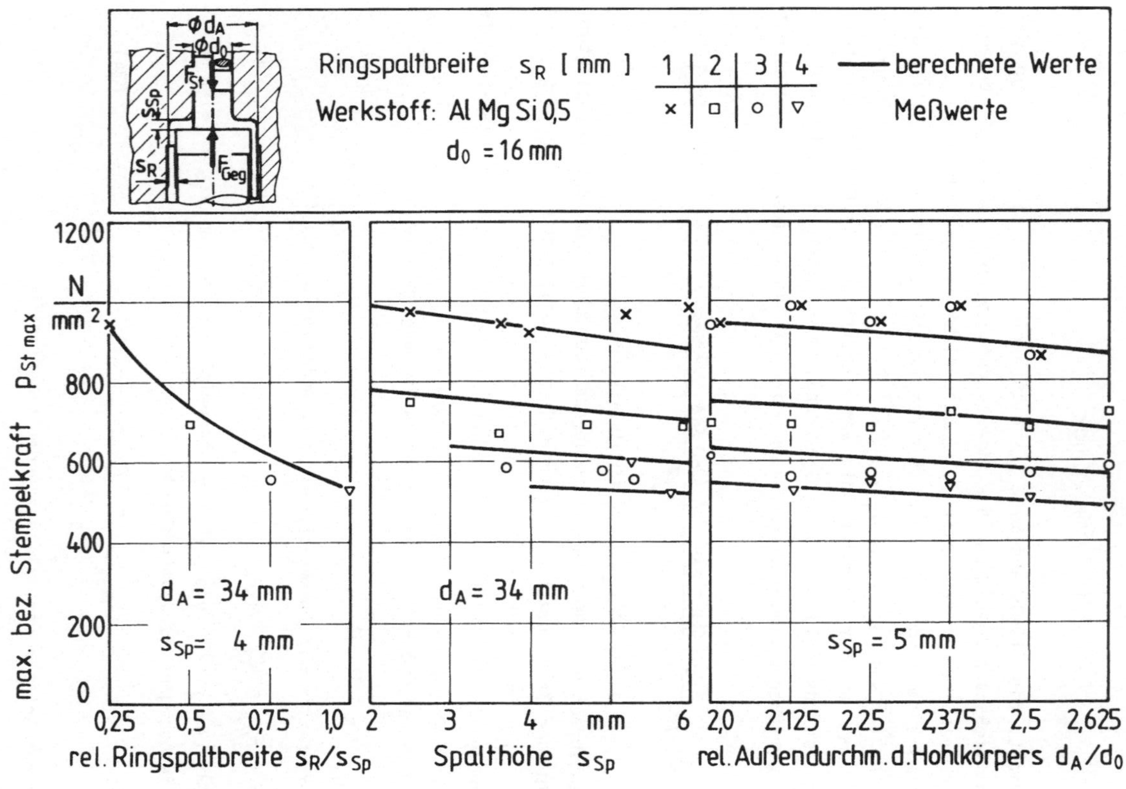

Bild 55: Vergleich empirisch berechneter Stempelkräfte mit den gemessenen Stempelkräften.

Der Vergleich der gemessenen Werte mit den auf diese Weise berechneten Stempelkräften in Bild 55 zeigt eine sehr gute Übereinstimmung, die besser ist als die mit Hilfe der FEM und der oberen Schranke berechneten Werte. Somit kann die Stempelkraft zumindest im untersuchten Bereich mit der Beziehung nach Gleichung (25) berechnet werden.

5 VERSAGENSFÄLLE UND VERFAHRENSGRENZEN

Die Grenzen der Verfahrenskombination werden durch Versagen des Werkzeugs oder durch Versagen des Werkstückwerkstoffs bestimmt. Sind Stempel und Matrizenverband entsprechend ausgelegt, so wird das Verfahren durch Versagensfälle aufgrund örtlicher Erschöpfung des Formänderungsvermögens des Werkstoffs eingeschränkt. Ausgehend von einer Beschreibung der aufgetretenen Versagensfälle werden die Verfahrensgrenzen aufgezeigt. Da zu Beginn der Verfahrenskombination nur Querfließpressen auftritt, müssen zunächst die Verfahrensgrenzen dieses Teilvorgangs ermittelt werden.

5.1 VERSAGENSFÄLLE

Die Versagensfälle beim Querfließpressen sind in /14/ ausführlich beschrieben, so daß hier nicht mehr darauf eingegangen zu werden braucht. Die bei der Verfahrenskombination aus Querfließpressen und Napf-Vorwärts-Fließpressen auftretenden Werkstückfehler sind im folgenden beschrieben.

5.1.1 Hohlkörper mit Zapfen

Zur Beurteilung der Versagensfälle und der daraus resultierenden Verfahrensgrenzen muß wiederum in die beiden Fälle unterschieden werden:

$s_R < s_{Sp}$: Die Dicke des Flansches wird bei der Umlenkung verringert.

$s_R \geqq s_{Sp}$: Der Flansch des Werkstücks wird frei umgelenkt. Die Wanddicke ergibt sich aus der Spalthöhe bzw. der Bodendicke.

Im Falle der freien Umlenkung des Flansches wurde der Rand bei der Umlenkung nach innen gedrückt, so daß sich ein Einzug am Ende des Hohlkörpers zeigt. Bei großen Außendurchmessern und geringen Bodendicken reichen die auftretenden tangentialen Zugspannungen aus, den Werkstoff nicht mehr bis an den Umlenkradius der Matrize fließen zu lassen. Folglich bekommt der Hohlkörper eine nicht definierte, unbrauchbare Geometrie (Bild 56a). Bei größeren Spalthöhen ($s_{Sp} > 3$ mm) treten bei der

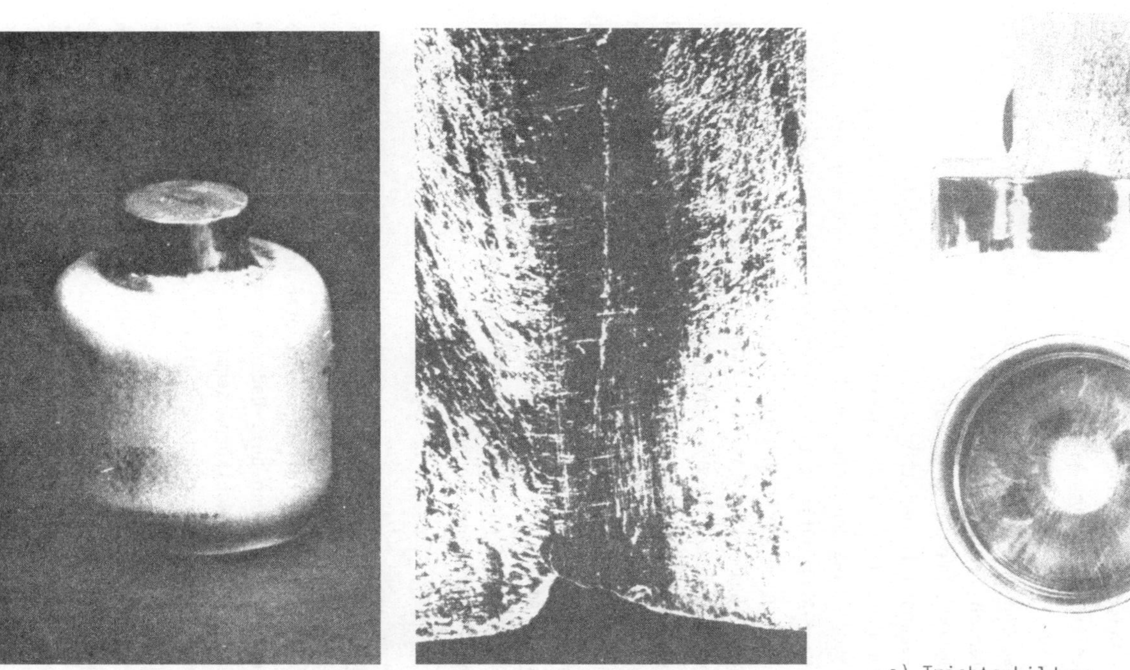

a) nicht definierte Gestalt
bei freier Umlenkung

b) Riß im Hohlkörper
(6-fach vergrößert)

c) Trichterbildung

Bild 56: Versagensfälle beim Kombinierten Quer-Napf-Vorwärts-Fließpressen.

freien Umlenkung an der Innenseite des Hohlkörpers im Bereich der Umlenkung Umfangsrisse auf.

Wird der Spalt bei der Umlenkung verringert, treten bei großen Durchmessern am Hohlkörper Risse in axialer Richtung auf. Diese Risse wurden bereits bei der Flanschausbildung eingeleitet. Handelt es sich im Falle der AlMgSi 0,5-Legierung nur um leichte Anrisse am Flanschaußenrand, so wird der Riß durch die Druckspannungsüberlagerung bei der Umlenkung wieder verschlossen und ein weiteres Rißwachstum wird unterdrückt (Bild 56b). Ist der Flansch fehlerfrei ausgebildet, so treten auch durch die Umlenkung keine Werkstückfehler mehr auf.

Ein weiterer Versagensfall, der aber nicht unbedingt zur Unbrauchbarkeit des Teiles führen muß, ist die Trichterbildung im Zentrum des Hohlkörperbodens (Bild 56c). Eine ähnliche Trichterbildung ist von der Verfahrenskombination Napf-Rückwärts- und Voll-Vorwärts-Fließpressen bekannt. In /4/ wird ihr Auftreten für große relative Querschnittsänderungen des Napfes beschrieben. Beim Kombinierten Quer-Napf-Vorwärts-Fließpressen trat die Trichterbildung bei großen Durchmessern mit großen Spalthöhen und geringen Ringspaltbreiten in Erscheinung. Wie die mit Hilfe der FEM ermittelten Geschwindigkeitsfelder zeigen (s. Abschnitt 3.2.3), werden vor allem bei kleiner Spalthöhe und bei großer Querschnittsverminderung bei der Umlenkung die Werkstoffteilchen am Boden des Werkstücks sehr stark beschleunigt. Offensichtlich kann diese Beschleunigung so groß werden, daß der Werkstoff radial mitgezogen wird, wodurch die trichterförmige Ausbildung am Hohlkörperboden entsteht.

5.1.2 **Klauenteil**

Durch die Behinderung des Werkstoffflusses treten hohe Formänderungsgradienten im Bereich der Umlenkung auf. Dadurch entstehen am Übergang vom Flansch zu den ausgepreßten Hohlkörpersegmenten starke Schiebungen mit hohen Schubspannungen. Bei zu scharfen Radien an dieser Stelle entstehen bei Teilen aus QSt 32-3 Risse, die entsprechend der größten Schubspannung unter 45° verlaufen (Bild 57). Durch Radien größer 1 mm können diese Risse vermieden werden.

Kritisch sind auch die Vorsprünge am Gegenstempel, die den Ringspalt schließen. Sie sind einer hohen Belastung ausgesetzt, die zu Rissen an den Vorsprüngen führen können. Darauf muß bei der Gestaltung und Auslegung eines entsprechenden Gegenstempels geachtet werden.

5.2 VERFAHRENSGRENZEN

5.2.1 Verfahrensgrenzen beim Querfließpressen

Im Rahmen der Untersuchungen für das Kombinierte Quer-Napf-Vorwärts-Fließpressen interessiert nur das Querfließpressen mit kleinen Spalthöhen, so daß die Ringfaltenbildung, die laut /14/ erst ab einer Spalthöhe größer $1,4 \cdot d_0$ auftritt, außer acht gelassen werden kann.
Bild 58 zeigt die Grenze für die Rißbildung am Flansch beim Querfließpressen. Für größere Spalthöhen bzw. Flanschdicken werden auch größere Flanschdurchmesser erreicht. Während sich für AlMgSi 0,5 bei ausreichend großer Spalthöhe Flanschdurchmesser bis über $2,6 \cdot d_0$ erreichen lassen, stellt sich für QSt 32-3 und C 15 oberhalb einer Spalthöhe von 4 mm eine Grenze bei $2,4 \cdot d_0$ ein, die unabhängig von der Spalthöhe ist. In /14/ wird von Ergebnissen berichtet, wonach der Auslaufradius am Übergang vom Zapfen zum Flansch einen deutlichen Einfluß auf die erreichbaren Flanschdurchmesser hat. Dementsprechend können die Verfahrensgrenzen bei schärferen Übergangsradien erniedrigt oder bei größeren Übergangsradien noch erhöht werden.
Bestätigt wurden die Ergebnisse, wonach zwischen den Werkstoffen QSt 32-3 und C 15 keine signifikanten Unterschiede bezüglich der Verfahrensgrenzen bestehen. In /14/ wurden als weiterer Werkstoff 16 MnCr 5 untersucht, dessen Verfahrensgrenze ebenfalls mit den beiden anderen Stahlwerkstoffen übereinstimmte und C 45, der sich für das Querfließpressen als ungeeignet erwies.
Darüber hinaus wurde ein Einfluß des Rohteildurchmessers festgestellt. Für größere Rohteildurchmesser ergaben sich bei den erreichbaren Flanschdurchmessern etwas ungünstigere Werte.
Die bereits in Abschnitt 4.1.2.7 erwähnten Versuche mit kegeliger Matrizenstirnfläche zeigten, daß durch den auf diese Weise aufgebrachten Gegendruck die Rißbildung im Flansch unterdrückt werden kann. Auch bei geringen Spalthöhen konnten dadurch Flanschdurchmesser mit $2,625 \cdot d_0$

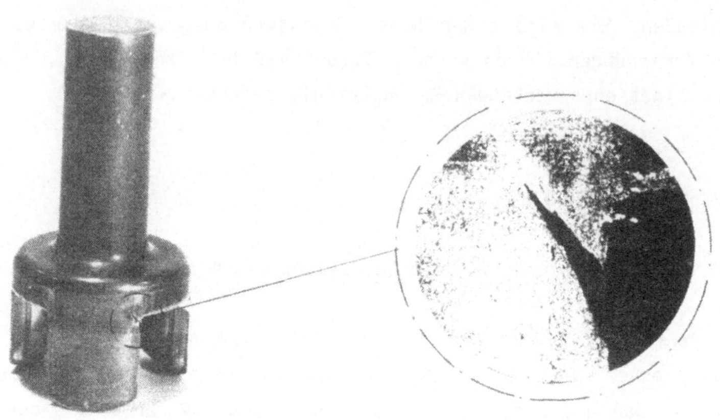

Bild 57: Rißbildung am Klauenteil.

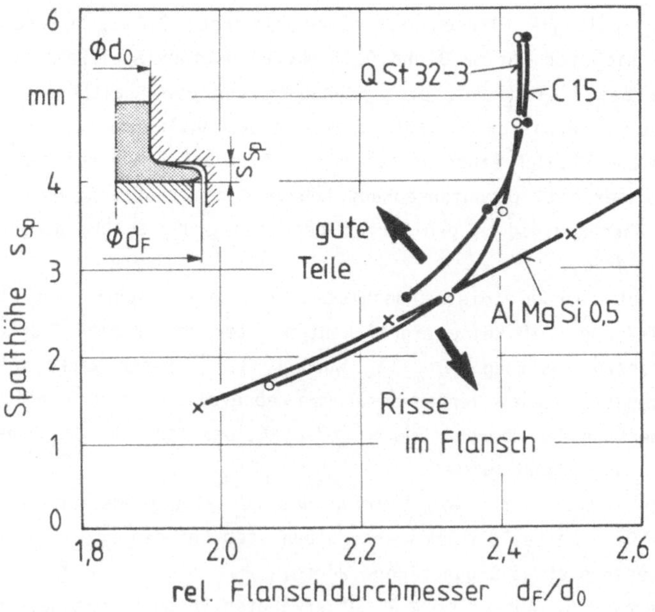

Bild 58: Verfahrensgrenzen beim Querfließpressen.

sowohl für QSt 32-3 als auch für AlMgSi 0,5 hergestellt werden. Die Werkzeugabmessungen schränkten die Untersuchung weiterer Geometrien ein.

5.2.2 <u>Verfahrensgrenzen beim Kombinierten Quer-Napf-Vorwärts-</u>
<u>Fließpressen</u>

Als erste Verfahrensgrenze muß die Bedingung erfüllt sein, daß die Ringspaltbreite immer kleiner als die Spalthöhe ist. Ohne diese notwendige Bedingung der Querschnittsverminderung bei der Umlenkung treten die beschriebenen geometrischen Unzulänglichkeiten und Versagensfälle auf. Darüber hinaus können durch die freie Umlenkung trotz einwandfreier Flanschausbildung Risse entstehen, was bei einer Umlenkung mit gleichzeitiger Wanddickenverminderung durch die Druckspannungsüberlagerung und das daraus resultierende verbesserte Formänderungsvermögen nicht mehr der Fall ist.

Aus den Versuchen ergaben sich die in Bild 59 eingezeichneten Grenzen für die erreichbaren Hohlkörperaußendurchmesser. Entsprechend der Verfahrensgrenzen für das Querfließpressen liegen die Grenzen für den Außendurchmesser oberhalb einer Spalthöhe von 4 mm für QSt 32-3 bei $2,375 \cdot d_0$, während sich bei AlMgSi 0,5 größere Außendurchmesser erreichen lassen.

Die Trichterbildung wurde bei großen Außendurchmessern beobachtet, wenn große Querschnittsverminderungen vom Flansch in die Hohlkörperwand vorgenommen wurden. Ihr Auftreten, in Bild 59 durch T gekennzeichnet, war jedoch nicht reproduzierbar, so daß eine eindeutige Grenze für die Trichterbildung nicht angegeben werden kann.

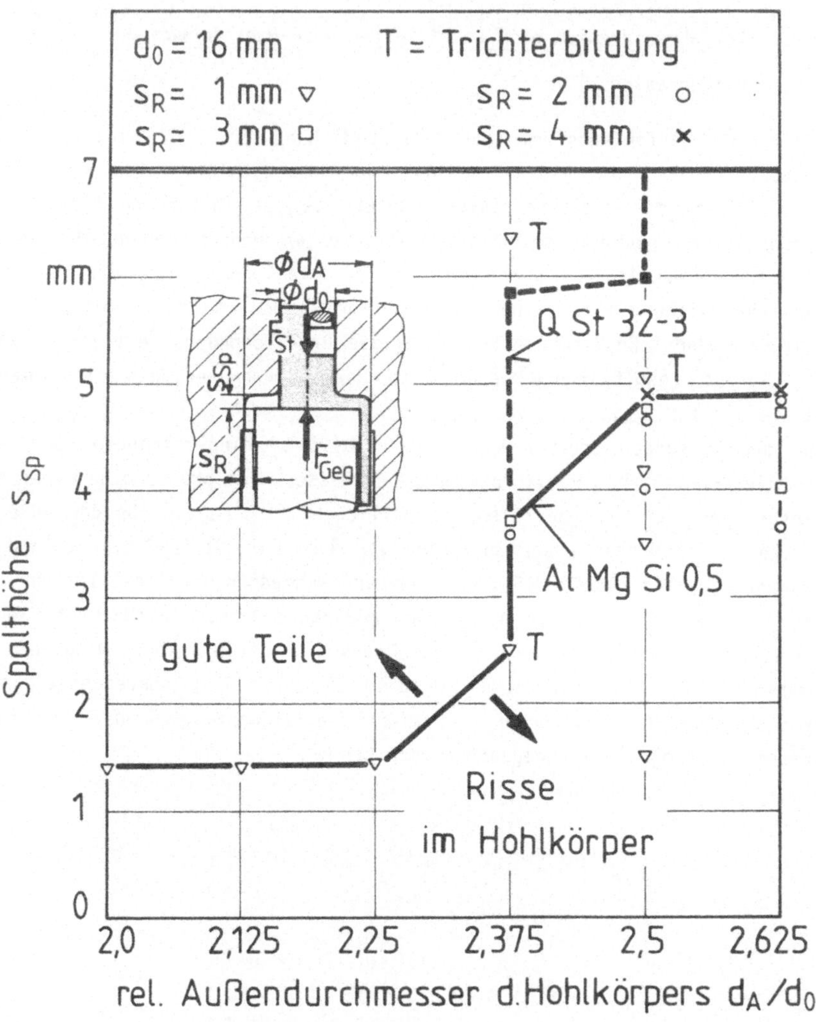

Bild 59: Verfahrensgrenzen beim Kombinierten Quer-Napf-Vorwärts-Fließpressen.

6 WERKSTÜCKEIGENSCHAFTEN

Bezüglich der Werkstückeigenschaften kann man in mechanische und geometrische Eigenschaften des Werkstücks unterteilen. Die mechanischen Eigenschaften werden in der Regel so ermittelt, daß die Eigenschaften von Proben aus dem Werkstück mittels Zug- oder Stauchversuch oder anderer genormter Prüfverfahren ermittelt werden. Aus den Ergebnissen wird auf die mechanischen Eigenschaften des gesamten Werkstücks geschlossen. Werkstücken mit derart komplexer Geometrie wie im vorliegenden Fall können keine Proben mit vernünftigen Abmessungen entnommen werden. Aus dem Zapfen des Werkstücks wäre eine Probenentnahme möglich, die jedoch nur am unteren Ende einen Teil der Umformzone enthalten würde und somit nicht repräsentativ für die Änderung der Werkstückstoffeigenschaften durch die Umformung wäre. Damit bleibt als einzige Möglichkeit, durch Härtemessungen über dem Querschnitt ein Bild über die mechanischen Eigenschaften des Werkstücks zu erhalten.

Zur Ermittlung der geometrischen Eigenschaften der Werkstücke wurden die Abweichungen zwischen Werkzeugabmessungen und Werkstückabmessungen und deren zufällige Streuungen ermittelt und die Oberflächenbeschaffenheit gemessen. Dabei wurde untersucht, ob die Werkzeugparameter einen Einfluß auf die geometrischen Eigenschaften der Werkstücke haben.

6.1 HÄRTEVERTEILUNG IM WERKSTÜCK

Beim Kombinierten Quer-Napf-Vorwärts-Fließpressen sind infolge der inhomogenen Vergleichsformänderungsverteilung auch örtlich unterschiedliche mechanische Eigenschaften zu erwarten (s. Abschnitt 3.2.3). Eine räumliche Darstellung der Härteverteilung eines Werkstücks aus QSt 32-3 in Bild 60 zeigt anschaulich die starke Zunahme der Härte zwischen Zapfenbereich und dem Hohlkörperboden. Die Zone größter Härtewerte befindet sich etwas außermittig am Boden des Hohlkörpers. Der Spitzenwert beträgt 275 HV 30 bei einer Ausgangshärte des Rohteils von 78 HV 30. Die Umlenkung zur Hohlkörperwand bewirkt nochmals eine Erhöhung der Härte, die zum Ende des Hohlkörpers hin leicht abfällt. An der Hohlkörperwand erkennt man an der Innenseite höhere Härtewerte als außen.

Anhand von Messungen an umgeformten Werkstücken aus AlMgSi 0,5 wurden die Einflüsse der Werkzeugparameter auf die Härteverteilung untersucht.

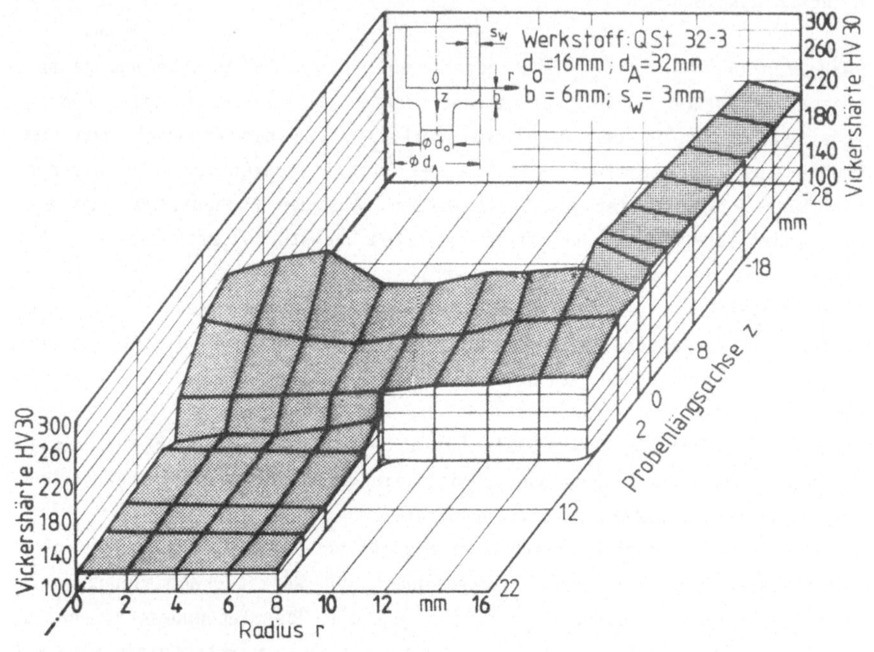

Bild 60: Härteverteilung im Werkstück.

Bild 61 zeigt, daß mit zunehmendem Hohlkörperaußendurchmesser die Härte im Zentrum des Bodens nur wenig ansteigt. die Spitzenwerte entfernen sich mit zunehmendem Durchmesser weiter von der Symmetrieachse und zeigen eine deutliche Abhängigkeit vom Hohlkörperaußendurchmesser. Der Grund dafür ist, daß mit zunehmendem Außendurchmesser mehr Werkstoff nachgeführt werden muß, um den Spalt vor der Umlenkung auszufüllen. Dies führt dazu, daß mehr Werkstoff im Zentrum des Bodens gestaucht wird, bevor der Werkstoff die Umlenkung erreicht und über die tote Zone hinwegfließt. Dadurch vergrößert sich diese tote Zone, wodurch die Härtespitzen radial nach außen wandern.

Im Bereich des Spaltes stellt sich unabhängig vom Außendurchmesser eine etwa konstante Härte ein. Durch die Querschnittsverminderung bei der Umlenkung wird dieser Wert etwas erhöht und führt zu ebenfalls konstanter Härte über der Hohlkörperlänge, wiederum unabhängig vom Hohlkörperaußendurchmesser.

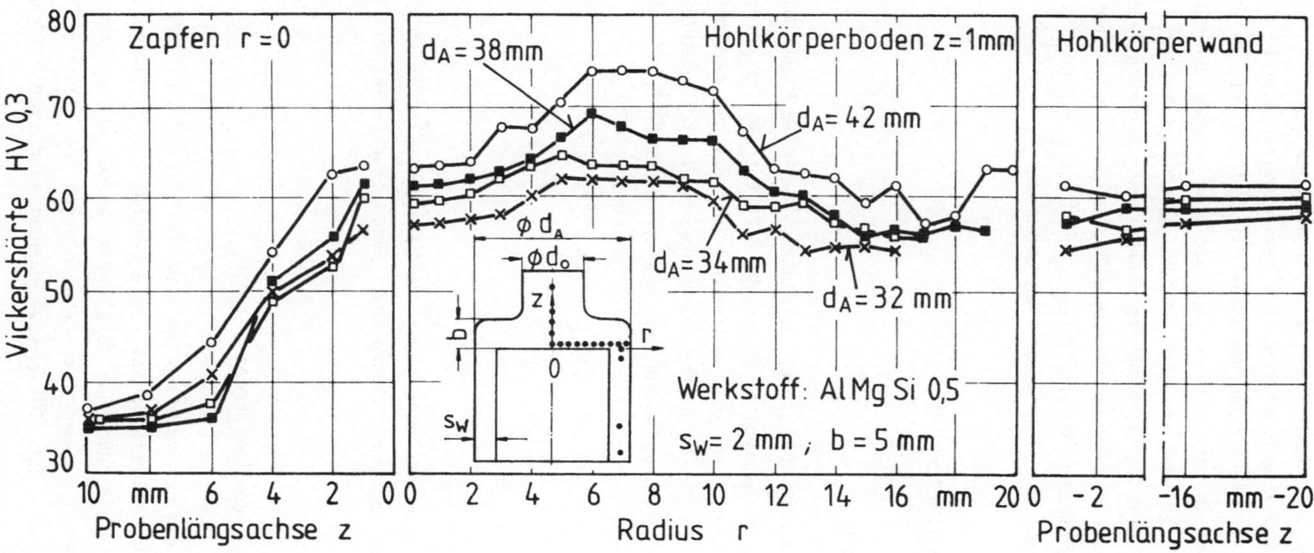

Bild 61: Einfluß des Hohlkörperaußendurchmessers auf die Härteverteilung im Werkstück.

Der hohe Härtegradient im Hohlkörperboden sowie Streuungen bei den Härtemessungen sind dafür verantwortlich, daß kein signifikanter Einfluß der Spalthöhe auf die Härteverteilung im Boden feststellbar ist. An sich war aufgrund der Ergebnisse der Verfahrensanalyse eine Zunahme der Härte mit kleiner werdender Spalthöhe erwartet worden. Allerdings zeigte sich bei größerer Spalthöhe eine deutlich höhere Härte in der Hohlkörperwand, was auf die stärkere Wanddickenverminderung zurückzuführen ist. Dementsprechend ist der Einfluß der Ringspaltbreite durch eine entsprechende Erhöhung der Härte in der Hohlkörperwand gekennzeichnet.

6.2 GEOMETRISCHE EIGENSCHAFTEN

6.2.1 Äußere Abmessungen

Die äußeren Abmessungen des Werkstücks werden durch die Werkzeuggeometrie, Rohteilhöhe und den Stempelhub bestimmt. Außendurchmesser, Bodendicke sowie Wanddicke sind durch die Spaltgeometrie innerhalb bestimmter Abweichungen, auf die im folgenden Kapitel eingegangen wird, bestimmt. Hohlkörperlänge und Zapfenlänge können bei gleichbleibender Spaltgeometrie durch den Stempelhub und die Rohteilhöhe bestimmt werden. Über die Volumenkonstanz läßt sich die Länge des Hohlkörpers berechnen. Unter Vernachlässigung der Radien gilt:

$$h_H = \frac{d_0^2 \, h_{St} - d_{Geg}^2 \, s_{Sp}}{d_A^2 - d_{Geg}^2} \qquad (26)$$

Durch die Vernachlässigung der Radien ist die berechnete Hohlkörperhöhe etwas geringer als bei Berücksichtigung der Radien. Der Fehler beträgt unter 1 %.

6.2.2 Arbeitsgenauigkeit des Verfahrens

Für den möglichen Einsatz des Kombinierten Quer-Napf-Vorwärts-Fließpressens in der industriellen Fertigung ist die erreichbare Arbeitsgenauigkeit von großer Wichtigkeit. Aufgrund zufällig wirkender und systematischer Einflußgrößen beim Umformen treten Abweichungen vom theoretischen Sollzustand der Werkstücke auf. Diese Abweichungen sind nach /48/ bedingt durch:

- Schwankungen in den Rohteileigenschaften, z. B. durch Werkstoffunter-
  schiede (Analysenunterschiede, Gefüge, Festigkeit)
- Volumenschwankungen des Rohteils
- Wärme- und Oberflächenbehandlung
- Genauigkeit bei der Werkzeugherstellung und dessen Federungsverhalten
- Federungsverhalten und Führungsgenauigkeit der Maschine
- Art der Umformung, Umformverfahren

Volumenschwankungen im Rohteil wirken sich beim Kombinierten Quer-Napf-
Vorwärts-Fließpressen lediglich auf die Länge des umgeformten Hohlkörpers aus und haben keinen Einfluß auf die werkzeuggebundenen Maße.
Schwankungen in den Rohteileigenschaften haben Kraftschwankungen mit
entsprechenden Schwankungen der elastischen Formänderungen der Werkzeugelemente zur Folge. Während die elastische Formänderung an sich kompen-
siert werden kann, müssen die Schwankungen und die daraus entstehenden
Unterschiede, beispielsweise in der Bodendicke des Hohlkörpers, hingenom-
men werden. Da die Bodendickenschwankungen bei dem gewählten Werkzeugaufbau nur aus der Auffederung in der Matrize und der elastischen Stauchung
des Gegenstempels entstehen und von Auffederungen im Stempel und in der
Maschine nicht beeinflußt werden, können genauere Bodendicken als etwa
beim Napf-Rückwärts-Fließpressen erzielt werden. Die Genauigkeit der
Bodendicke spielt jedoch beim Einsatz solcher Werkstücke eine untergeord-
nete Rolle. Wichtig für die Funktion des Werkstücks ist dagegen die
Genauigkeit des Hohlkörpers. Die Koaxialität von Matrizenbohrung und
Gegenstempel ist für das Erreichen einer geringen Exzentrizität zwischen
der Hohlkörperinnen- und Hohlkörperaußenwand entscheidend. Sowohl der
Achsversatz des Gegenstempels als auch die Parallelität der Gegenstempelstirnfläche zur Stirnfläche der Matrize bestimmen die Genauigkeit der
Hohlkörperlänge über dem Umfang.
Wanddickenschwankungen treten durch die Beanspruchung des Matrizenraumes
und durch die elastische Stauchung des Gegenstempels auf. Sie sind in
erster Linie von der Belastung dieser Werkzeugelemente abhängig. Bei der
Umlenkung des Flansches wirken hohe radiale Druckspannungen auf die
senkrechte Wand der Matrize. Diese Radialspannungen erreichen ihre größten Werte in Höhe der Gegenstempelkante und fallen am Ende der Werkzeugöffnung wieder auf Null ab.

6.2.2.1 Genauigkeit des Hohlkörperbodens

Durch die axiale Auffederung des Matrizenverbandes aufgrund der hohen rückwirkenden Kräfte und die elastische Stauchung des Gegenstempels waren die tatsächlich erzielten Bodendicken, je nach Belastung um 0,5 mm bis 1,7 mm größer als die eingestellte Spalthöhe.

Die Bodendickenschwankungen aufgrund des Parallelitätsfehlers zwischen Matrizenstirnfläche und Gegenstempelstirnfläche betrugen zwischen 15 μm und 25 μm.

6.2.2.2 Genauigkeit der Hohlkörperdurchmesser

In Bild 62 sind die Verläufe der inneren und der äußeren Mantellinie des Hohlkörpers für ein Werkstück aus QSt 32-3 dargestellt. Man erkennt, daß die äußere Mantellinie im Bereich des Hohlkörperbodens und am Hohlkörperende einen größeren Durchmesser als die Matrize ohne Belastung hat. Dies ist auf die radiale Auffederung der Matrize zurückzuführen. Mit zunehmender Hohlkörperhöhe nimmt der Außendurchmesser zunächst ab, bevor er zum Hohlkörperende hin wieder zunimmt. Diese unterschiedlichen Durchmesser über der Hohlkörperhöhe sind in der unterschiedlichen Rückfederung des Hohlkörpers begründet. Am Hohlkörperende, an der Stelle also, an der die geringsten Formänderungen am Hohlkörper auftraten, ist auch die Rückfederung am kleinsten. Die Rückfederung macht sich auch beim Abstreifen der Hohlkörper vom Gegenstempel in Form der benötigten Abstreiferkräfte bemerkbar.

Die innere Mantellinie verläuft in etwa parallel zur äußeren Mantellinie des Werkstücks, was gleichbedeutend mit sehr geringen Wanddickenschwankungen über der Hohlkörperhöhe ist. Die Wanddicke ist im Bereich des Bodens und am Hohlkörperende am geringsten und schwankt dazwischen um 0,02 mm.

Für AlMgSi 0,5 zeigen sich dieselben Mantellinienverläufe, wobei die Rückfederung des Werkstücks im Außendurchmesser im allgemeinen stärker ausfällt. Dagegen bewirkt ein Kalibrierungseffekt auf dem Innendurchmesser der Hohlkörper beim Abstreifen vom Gegenstempel eine Verringerung der Innendurchmesserschwankungen. Dies wird deutlich in Bild 63, in dem der Einfluß der Ringspaltbreite auf die Genauigkeit des Innen- und Außendurchmessers dargestellt ist. Um die Maßunterschiede der verschiede-

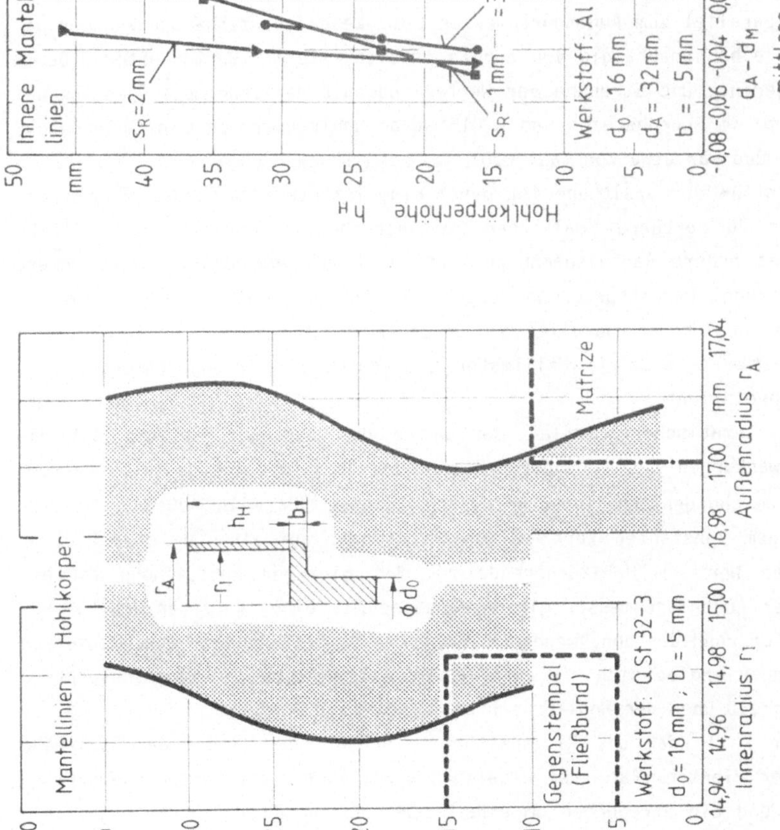

Bild 63: Einfluß der Ringspaltbreite auf die Genauigkeit der Hohlkörperdurchmesser.

Bild 62: Innerer und äußerer Mantellinienverlauf am Hohlkörper.

nen Gegenstempel- und Matrizendurchmesser auszuschalten, wurde jeweils die Differenz aus Innen- und Gegenstempeldurchmesser bzw. aus Außen- und Matrizendurchmesser gewählt. Eine positive Differenz bedeutet dann einen größeren Durchmesser als der Stempel oder der Matrizenraum im belastungsfreien Zustand. Dargestellt sind die gemittelten Werte, die aus den Messungen von zehn Werkstücken gewonnen wurden. Man erkennt die Zunahme des Außendurchmessers für kleinere Ringspaltbreiten aufgrund der größeren Matrizenauffederung bei höherer Belastung. Am Hohlkörperende stellt sich unabhängig von der Ringspaltbreite der Durchmesser entsprechend der Matrize im unbelasteten Zustand ein. Die größte Rückfederung liegt bei allen Werkstücken an etwa gleicher Stelle und hat den gleichen Wert. Die Änderung des Hohlkörperinnendurchmessers über der Höhe verläuft annähernd parallel zum Außendurchmesser. Die Wanddickenschwankungen über der Höhe bleiben unabhängig von der Ringspaltbreite mit Werten unter 0,02 mm sehr gering. Die Streuung der Werte innerhalb der zehn Messungen lag bei 0,007 mm im Bodenbereich und 0,015 mm am Hohlkörperende beim Außendurchmesser und war etwa konstant 0,01 mm beim Innendurchmesser.

Der Einfluß der Spalthöhe ist durch eine leichte Zunahme des Außendurchmessers für größere Spalthöhen gekennzeichnet. Eine größere Spalthöhe bedeutet höhere Radialspannungen auf die Matrizenwand und damit größere Auffederung. Dementsprechend verschiebt sich der Mantellinienverlauf für größere Spalthöhen parallel zu größeren Durchmessern. Die Zunahme beträgt etwa 0,05 mm je Millimeter Spalthöhe. Der Innendurchmesser wird nicht beeinflußt.

Ein systematischer Einfluß der Größe des Außendurchmessers auf die Maßschwankungen des Außendurchmessers konnte nicht festgestellt werden.

Die Abweichungen der Innendurchmesser nahmen für alle Außendurchmesser von einem konstanten Wert am Hohlkörperboden auf einen um etwa 0,02 mm größeren Wert am Hohlkörperende zu. Bei gleicher Rohteilhöhe ist ein größerer Außendurchmesser gleichbedeutend mit einer kürzeren Hohlkörperhöhe. Aufgrund der abnehmenden Hohlkörperhöhe bei gleichen Durchmesserabweichungen ergibt sich mit zunehmendem Außendurchmesser eine schlechtere Genauigkeit über der Hohlkörperhöhe.

Für den Fall, daß die Ringspaltbreite größer oder gleich der Spalthöhe ist, der Flansch also frei umgelenkt wird, liegen die Durchmesserschwankungen und die Streuungen um eine Größenordnung höher, da der Kalibriereffekt des Ringspaltes fehlt.

Die gemessenen Durchmesserschwankungen von unter 0,1 mm bei Außendurch-

messern und 0,05 mm bei Innendurchmessern liegen wesentlich unter den
Werten, die in VDI 3138 als Toleranzrichtwerte für Kaltfließpreßteile
angegeben werden. Sie liegen auch innerhalb der Erwartungsgrenzen, die im
Rahmen einer Untersuchung über erreichte Toleranzen in der Serienfertigung ermittelt wurden und in /48/ dargestellt sind.

6.2.2.3 <u>Mittenversatz des Hohlkörpers</u>

Da die Aufnehmerbohrung und der Matrizeninnendurchmesser in einer Aufspannung gefertigt werden, ist eine Koaxialität von Zapfen zu Hohlkörperaußendurchmesser gewährleistet.
Der Mittenversatz der Innenwand zur Außenwand des Hohlkörpers geht aus
Bild 64 hervor, in dem die in verschiedenen Höhen am Hohlkörper aufgenommenen Polarschriebe von Rundheitsmessungen wiedergegeben sind. Aus ihnen
wird klar ersichtlich, daß der Achsparallelversatz mit zunehmender Hohlkörperhöhe abnimmt. Dies bedeutet aber andererseits, daß sich eine
anfängliche Selbstzentrierung des Gegenstempels durch die Umlenkung mit
zunehmendem Stempelweg verschlechtert. Der Gegenstempel führt eine elastische Biegung aus. Für die Biegung des Gegenstempels sind verschiedene
Effekte verantwortlich. Die Gegenstempel waren, um leicht ausgewechselt
werden zu können, nur am Fuß durch eine Spielpassung geführt. Dadurch
war ein leichter Mittenversatz möglich, der durch eine entsprechende
außermittige Belastung zu einer elastischen Biegung des Gegenstempels
führen kann.
Sind die Flächen zwischen Matrizen- und Gegenstempelstirnfläche nicht
exakt parallel, so führt dies zu einer ungleichmäßigen Belastung des
Gegenstempels mit einer entsprechenden elastischen Biegung und einem
ungleichmäßigen Stofffluß. Auch örtlich unterschiedliche Reibverhältnisse können zu einem ungleichmäßigen Werkstofffluß führen, so daß keine
Selbstzentrierung des Gegenstempels mehr gegeben ist.
Die Ringspaltbreite hat wiederum einen deutlichen Einfluß. Wie man schon
aus Bild 64 sehen kann, nimmt der Mittenversatz mit kleiner werdender
Ringspaltbreite entsprechend der höheren Stempelbelastung deutlich zu.
In Bild 65 ist der Einfluß der Spaltgeometrie auf den Mittenversatz
zusammengefaßt, wobei jeweils der Mittenversatz am Boden und am Hohlkörperende aufgetragen ist. Man sieht, daß der Mittenversatz vom Hohlkörperdurchmesser und von der Spalthöhe weitgehend unabhängig ist.

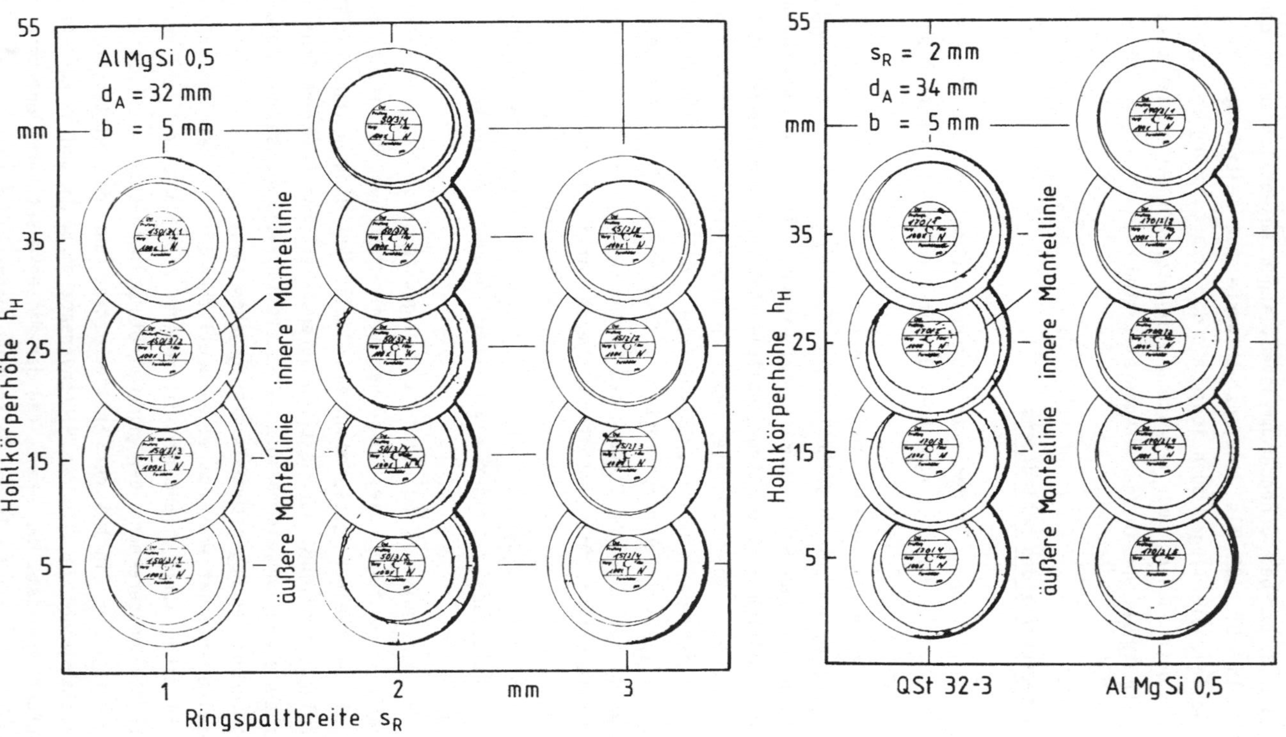

Bild 64: Darstellung des Mittenversatzes anhand von Polarschrieben.

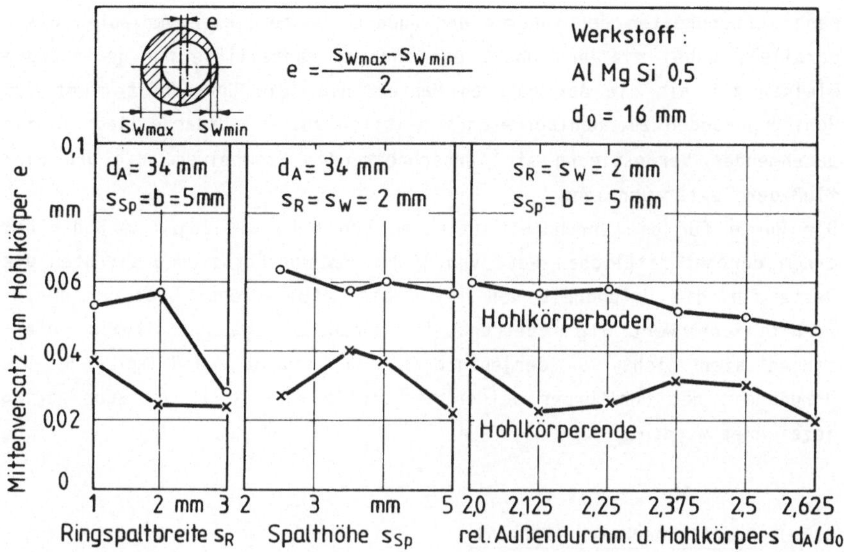

Bild 65: Einfluß der Spaltgeometrie auf den Mittenversatz.

Beim Stahlteil war der Mittenversatz entsprechend der höheren Stempelbelastung etwa doppelt so hoch wie bei den Werkstücken aus AlMgSi 0,5
(Bild 64).

Der Mittenversatz hat entsprechende Wanddicken- und Längenschwankungen
des Hohlkörpers zur Folge. Die Wanddickenschwankungen über dem Umfang
betragen etwa 0,05 mm am Hohlkörperende und das Doppelte am Boden. Die
aus dem Mittenversatz resultierenden Längenschwankungen machen sich bei
dünnwandigen Werkstücken natürlich stärker bemerkbar. Sie können mehrere
Millimeter betragen. Aus diesem Grunde kommt der Führung und der exakten
Koaxialität von Gegenstempel und Matrize besondere Bedeutung zu.

Die in den Messungen ermittelten Wanddickenschwankungen und Mittenversatz sind sehr gute Werte im Vergleich zu den sonst überlicherweise
erreichbaren Genauigkeiten /48/.

6.2.2.4 Unrundheit des Hohlkörpers

In Bild 64 ist zu erkennen, daß die Hohlkörper eine Unrundheit in Form
einer Ellipse besitzen. Für die elliptische Form werden Texturen im
Werkstoff verantwortlich gemacht. Die anhand der Polarschriebe ausgemes-

senen Unrundheiten der inneren und äußeren Mantellinien verlaufen exakt parallel, wobei die Unrundheit der inneren Mantellinie nur geringfügig kleiner ist als die der äußeren Mantellinie. Die Unrundheit nimmt vom Hohlkörperboden zum Hohlkörperende deutlich zu. Die Ursache liegt in der zunehmenden Verfestigung mit fortschreitendem Stempelweg, die den Einfluß der Textur verringert.

Die Werte für die Unrundheit streuten von 5 μm bis 25 μm am Boden bei einem durchschnittlichen Wert von 14 μm. Am Hohlkörperende streuten die Werte für die Unrundheit von 10 μm bis 50 μm, wobei hier der durchschnittliche Wert 31 μm betrug. Die Unrundheit des Stahlteils unterschied sich nicht von derjenigen der Werkstücke aus AlMgSi 0,5. Die Unrundheit der Hohlkörper beider Werkstoffe kann somit als sehr gering bezeichnet werden.

6.2.3 Oberflächenbeschaffenheit

Zur meßtechnischen Erfassung der Oberflächenbeschaffenheit wurde ein Oberflächenmeßgerät vom Typ HOMMEL TESTER T 20 S eingesetzt. Das Gerät arbeitet nach dem Tastschnittverfahren und ermöglicht die Erfassung der in DIN 4762/4768 genormten Rauhigkeitsmeßgrößen.

Bei allen Messungen betrug die Taststrecke l_t = 4,8 mm, die Tastgeschwindigkeit v_t = 0,5 mm/s und die Grenzwellenlänge λ_l = 0,8 mm. Die Rauhtiefe R_t, die gemittelte Rauhtiefe R_{zDIN}, der Mittenrauhwert R_a und die gemittelte Glättungstiefe R_{pm} wurden über der Werkstücklänge gemessen, wobei aus jeweils fünf Messungen der Mittelwert gebildet wurde. Die Messungen wurden jeweils an zwei gegenüberliegenden Stellen durchgeführt und daraus der Mittelwert gebildet.

Die gemittelte Rauhtiefe R_{zDIN} ist ein aussagefähiges Oberflächenmaß zur Beurteilung der Rauheit. Sie liefert jedoch keine Aussage über den Charakter und damit die Funktionseignung einer Oberfläche. Dazu eignet sich der Profilleeregrad λ_p als Verhältnis von R_{pm} zu R_{zDIN}. Er liefert eine Aussage über die Rauheitsprofilform. Mit zunehmender Einebnung der Oberfläche nimmt der Profilleeregrad ab. Somit stellt er ein Maß für die Wandlung einer abgespanten oder frei umgeformten Oberfläche zu einer gebundenen umgeformten Oberfläche dar /49/.

Aus diesen Gründen wurden für die Darstellung der Oberflächenbeschaffenheit die gemittelte Rauhtiefe R_{zDIN} und der Profilleeregrad λ_p herangezogen. Bild 66 zeigt die Rauheitskenngrößen eines umgeformten Werkstücks für beide Werkstoffe. Die gemittelte Rauhtiefe und der Profilleeregrad des Rohteils sind mit R_{z0} und λ_{p0} gekennzeichnet. Es wurde jeweils in Fließrichtung und quer dazu gemessen.

Die Rauhtiefe und der Profilleeregrad am Zapfen (Meßstelle 1) verringern sich durch die gebundene Umformung im Aufnehmer deutlich gegenüber den Ausgangswerten des Rohteils. An der Außenseite der Hohlkörperwand befindet sich die größte gemittelte Rauhtiefe am Hohlkörperende. In der Anfangsphase des Umlenkvorgangs wird die gemittelte Rauhtiefe an der Außenseite des Hohlkörpers gegenüber der Rauhtiefe am Zapfen kaum verändert. Erst ab etwa der Hälfte des Hohlkörpers beginnt sich die gemittelte Rauhtiefe zu verbessern. Die Ursache hierfür liegt in der Ausbildung einer freien Oberfläche am Flansch vor der Umlenkung. Während der Werkstoff umgelenkt wird, füllt sich der verbliebene Hohlraum im Spalt und die ursprünglich freie Oberfläche legt sich an die Matrizenstirnfläche an. Erst wenn der Hohlraum ganz ausgefüllt ist, erfährt der aus dem Zapfen nachfließende Werkstoff auch an der Außenseite über dem gesamten Umformvorgang eine gebundene Umformung und eine entsprechende Einebnung der Oberfläche.

An der Innenseite der Hohlkörper entsteht eine über der gesamten Länge sehr gute Oberfläche, wobei die Werte quer zur Fließrichtung nur wenig über den Werten in Fließrichtung liegen. Durch die starke Oberflächenvergrößerung an den Innenseite wird die Schmierfilmdicke stark verringert und kommt möglicherweise ganz zum Erliegen. Dadurch findet eine sehr starke Einglättung der Rauheitsberge statt.

Der Profilleeregrad der Rohteile beträgt λ_p = 0,47 für QSt 32-3 und λ_p = 0,48 für AlMgSi 0,5, was als typischer Wert für Oberflächen, die durch Drehen bearbeitet wurden, gilt. Der Profilleeregrad in Fließrichtung gemessen verringert sich vom Rohteil zum Zapfen und weiter zur Hohlkörperaußenwand sehr stark. Die anfängliche Drehriefencharakteristik der Rohteiloberfläche wird völlig eingeglättet. An der Innenseite ergibt sich ebenfalls ein sehr niedriger Profilleeregrad in Fließrichtung. Auch hier wurden die Drehriefen an der Stirnseite des Rohteils völlig eingeglättet. Quer zur Fließrichtung ergeben sich dagegen sowohl für die äußere als auch für die innere Oberfläche relativ hohe Werte. Dies läßt auf eine Oberflächenstruktur mit Oberflächenbergen und -tälern parallel zur Fließrichtung schließen.

Bei dem Stahlwerkstück sind die Unterschiede im Profilleeregrad in

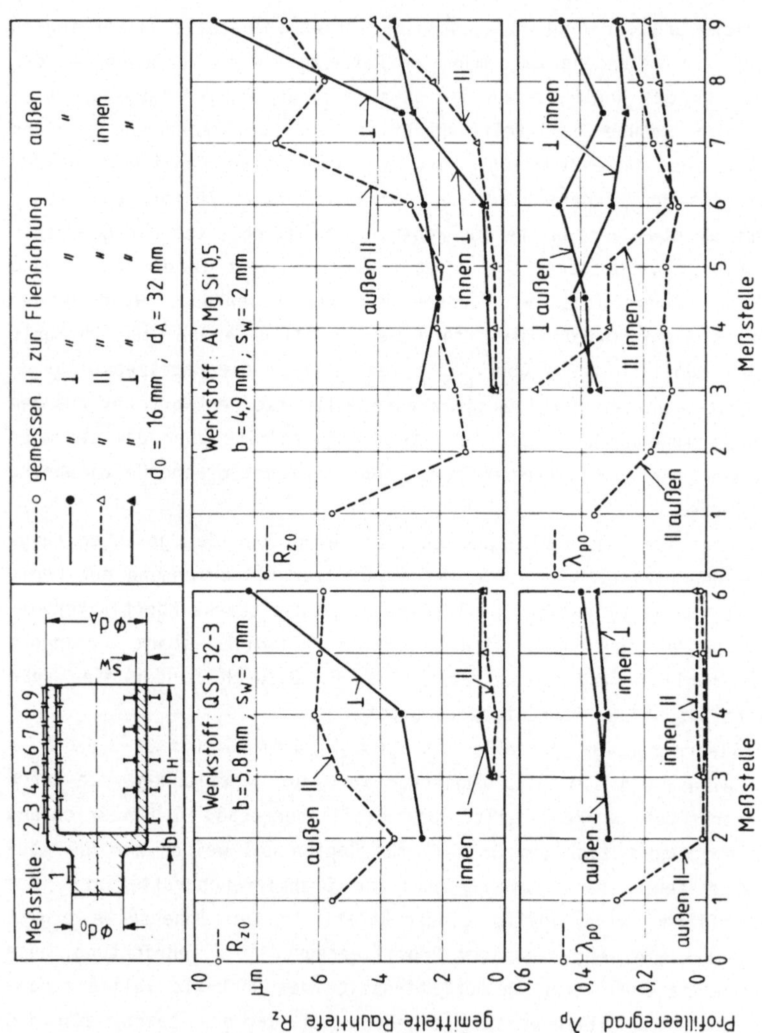

Bild 66: Oberflächenbeschaffenheit eines umgeformten Werkstücks.

Fließrichtung und quer dazu besonders ausgeprägt. Vor allem in Fließrichtung erreicht der Profilleeregrad für das Stahlwerkstück geringe Werte. Ein Grund dafür könnte das feinere Gefüge in Verbindung mit den höheren Kontaktnormalspannungen sein.

Ein weiterer Grund ist möglicherweise die Verwendung einer Schmiermittelträgerschicht sowie die Schmierung des Gegenstempels bei den Werkstücken aus Stahl. In den Rauheitstälern bleiben Schmierstoffreste zurück, die eine geringere Glättungstiefe erzeugen.

Bei Werkstücken mit großen Außendurchmessern wurden auch auf der Außenseite des Hohlkörperbodens Messungen in Fließrichtung des Werkstoffs durchgeführt. Sie zeigten in allen Fällen eine größere gemittelte Rauhtiefe und einen größeren Profilleeregrad als der Zapfen. Die großen radialen und tangentialen Formänderungen bewirken trotz gebundener Umformung eine Verschlechterung der Oberfläche, die erst durch die Umlenkung mit entsprechender Querschnittsverminderung deutlich verbessert wird. Erfolgt bei der Umlenkung keine Querschnittsverminderung, so bleibt die rauhere Oberfläche vom Querfließpressen an der Außenseite erhalten. Auch an der Innenseite ist die Oberfläche wesentlich rauher als bei Werkstücken mit Querschnittsverminderung. Die Größe der Querschnittsverminderung hat keinen Einfluß auf die Oberfläche, ebenso wie kein Einfluß des Hohlkörperaußendurchmessers auf die Größe der gemittelten Rauhtiefe festgestellt werden konnte.

Insgesamt kann die Oberfläche des Hohlkörpers als sehr gut bezeichnet werden. Nach VDI 3138 werden beim Kaltfließpressen von QSt 32-3 auch mit Sondermaßnahmen üblicherweise nur Rauhtiefen bis zu $R_t = 6\,\mu$m quer zur Fließrichtung und $4\,\mu$m in Fließrichtung erreicht. Für AlMgSi 0,5 betragen die mit Sondermaßnahmen maximal erreichbaren Rauhtiefen $4\,\mu$m. Diese Werte wurden in der Regel durch Kombiniertes Quer-Napf-Vorwärts-Fließpressen problemlos erreicht.

Das Kombinierte Quer-Napf-Vorwärts-Fließpressen ist ein Verfahren zur Erzeugung einer spezifischen Werkstückform, eines Hohlkörpers mit Zapfen, wie sie häufig und in zahlreichen Varianten in der Fertigung auftritt, wobei in einem einzigen Arbeitsgang umgeformt wird. Hierbei tritt das Kombinierte Quer-Napf-Vorwärts-Fließpressen in Konkurrenz zur Verfahrensfolge oder auch Verfahrenskombination aus Napf-Rückwärts-Fließpressen und Voll-Vorwärts-Fließpressen. Da der Stempel im Aufnehmer geführt wird, hat das Kombinierte Quer-Napf-Vorwärts-Fließpressen gegenüber den beiden genannten Verfahren den Vorteil, daß vom gescherten oder gesägten Rohteil ausgegangen werden kann. Dadurch können der Arbeitsgang Setzen und damit verbundene Wärme- und Oberflächenbehandlungen eingespart werden.

Ein weiterer Vorteil besteht darin, daß Zapfen- und Hohlkörperhöhe eindeutig aus der Rohteilhöhe über den Stempelweg bestimmt sind. Bei der Verfahrenskombination aus Napf-Rückwärts-Fließpressen und Voll-Vorwärts-Fließpressen muß die Begrenzung der Hohlkörperhöhe durch einen entsprechenden Bund am Napfstempel erzwungen werden, was zu einer Umlenkung des Werkstoffflusses verbunden mit der Gefahr einer Faltenbildung führt.

Die Möglichkeit, Hohlkörper mit ebenen Böden geringer Bodendicke und mit Hinterschneidungen an der Teilungsebene des Werkzeugs herzustellen oder durch Schließen einzelner Bereiche im Ringspalt sowie Profilierung des Gegenstempels oder der Matrize ein komplexes Teilespektrum zu erzeugen, sind weitere Vorteile des Kombinierten Quer-Napf-Vorwärts-Fließpressens.

Der Werkstofffluß ist durch eine schmale Zone hoher Verfestigung am Boden des Werkstücks gekennzeichnet. Die daraus resultierende hohe Härte an der Innenseite des Werkstücks wirkt sich günstig aus, wenn der Hohlkörper hohe Oberflächenhärte für Gleitbewegungen aufweisen soll.

Der Kraftbedarf für das Kombinierte Quer-Napf-Vorwärts-Fließpressen liegt wesentlich niedriger als bei den konkurrierenden Verfahren. Die in /50/ dargestellten, experimentell ermittelten Stempelkräfte für das Napf-Rückwärts-Fließpressen eines vergleichbaren Hohlkörpers betrugen etwa das Fünffache der für das Kombinierte Quer-Napf-Vorwärts-Fließpressen benötigten Stempelkraft, wobei die erreichbare Bodendicke wesentlich über den beim Kombinierten Quer-Napf-Vorwärts-Fließpressen erzeugten Bodendicken lag. Wie aus Untersuchungsergebnissen in /23/ hervorgeht,

liegen die Stempelkräfte zur Herstellung eines vergleichbaren Hohlkörpers mit Zapfen durch Kombiniertes Napf-Rückwärts- und Voll-Vorwärts-
Fließpressen mindestens doppelt so hoch.

Zur Vorausbestimmung des Kraftbedarfs liefert Gleichung (A 119), nach
einem Ansatz nach dem Verfahren der oberen Schranke hergeleitet, vor
allem für kleine Ringspaltbreiten gute Ergebnisse. Gemäß der Grundidee
dieser Theorie ergeben sich damit Werte für die bezogene Stempelkraft,
die bei richtigem Einsetzen der Randbedingungen größer sind als die
tatsächlich auftretenden Kräfte.

Eine empirische Beziehung und deshalb nur im untersuchten Bereich gülti-
ge Berechnungsformel stellt Gleichung (25) dar. Sie eignet sich vor
allem für eine überschlägige Berechnung. Die mit dieser Formel berechneten Kräfte weichen um etwa $\pm$ 10 % von den im Versuch gemessenen Werten
ab.

Die erzielbare Arbeitsgenauigkeit hängt zu einem Großteil vom Aufbau des
Werkzeugs ab. Durch die Fertigung der Aufnehmerbohrung und des den
Außendurchmesser des Hohlkörpers bestimmenden Matrizeninnendurchmessers
in einer Aufspannung ist eine absolute Koaxialität von Zapfen und
Hohlkörperaußendurchmesser gegeben. Um einen geringen Mittenversatz von
Innen- und Außendurchmesser zu gewährleisten, muß für eine Koaxialität
des Gegenstempels mit der Matrizenbohrung und eine gute Führung des
Gegenstempelfusses gegeben sein. Wie die Versuche zeigten, findet zu
Vorgangsbeginn eine Selbstzentrierung des Gegenstempels statt, die sich
aber vor allem bei leicht ungleichmäßiger Belastung des Gegenstempels
mit zunehmendem Stempelweg verschlechtert. Trotzdem liegen die erreich-
ten Genauigkeiten für die Außendurchmesser im Bereich der Güteklasse
IT 9 bis IT 10.

In die für die Bodendicke verantwortliche Auffederung geht nur die
elastische Stauchung des Gegenstempels und die Auffederung der mechanischen Schließvorrichtung zwischen Matrize und Werkzeugunterbau ein. Die
elastische Stauchung des viel längeren Stempels und die Auffederung der
Maschine beeinflussen bei dem gewählten Werkzeugaufbau die Bodendicke
nicht. Dies ermöglicht eine entsprechend hohe Genauigkeit der Bodendicke.
Bei einer Serienfertigung kommen vor allem zwei neue Gesichtspunkte
hinzu, die die Arbeitsgenauigkeit des Verfahrens beeinflussen. Die Erwär-
mung des Werkzeugs während einer Serienfertigung führt zu entsprechenden
Maßänderungen der formgebenden Werkzeugöffnung und zu Schwindung und
Verzug des abgekühlten Werkstücks. Dadurch können Unterschiede in den

Werkstückabmessungen zwischen der Anlaufphase und der Serienproduktion auftreten. Maßnahmen zur Vermeidung solcher Maßschwankungen, wie z.B. Vorwärmen des Werkzeugs, sind allgemein bekannt.

Der zweite Gesichtspunkt ist die starke Verschleißbeanspruchung der Gegenstempel. Verschleißmindernde Maßnahmen, wie z.B. Oberflächenbeschichtung der Gegenstempel, sind deshalb bei einer Serienproduktion erforderlich.

Den zahlreichen Vorteilen steht der Nachteil einer aufwendigen Werkzeugkonstruktion gegenüber. Der radiale Werkstofffluß verlangt eine zusätzliche vertikale oder horizontale Werkzeugteilung und eine zusätzliche Werkzeugschließbewegung. Die horizontale Teilung bietet dabei den Vorteil, daß die erforderliche hohe Schließkraft einfacher, eventuell über die Stößelbewegung aufgebracht werden kann. Die Werkzeugschließkraft, die Werte bis zum Zweifachen der Stempelkraft annehmen kann, muß, da sehr lange Rohteile zum Einsatz kommen, über einen langen Stempelweg aufgebracht werden. Die Werkzeugschließbewegung verlangt eine Mehrfachwirkung des Systems Werkzeug - Maschine. Bei Verwendung einfachwirkender Pressen muß deshalb die Schließbewegung und die Abstreif- und Auswerfbewegung im Werkzeug konstruktiv ermöglicht werden. Die Mehrfachwirkungen können aber auch bei Verwendung geeigneter mehrfachwirkender Pressen von der Maschine abgenommen werden. Das Werkzeug muß kurz vor Beginn des Arbeitshubes geschlossen und die Schließkraft bis zum Ende des Vorgangs aufgebracht werden. Aus der Mehrfachwirkung und den langen Stempelwegen ergeben sich längere Taktzeiten gemessen an Taktzeiten einer Verfahrensfolge. Um Nebenzeiten zu verringern, erscheint eine Mechanisierung des Vorgangs mit automatischer Zu- und Abführung der Werkstücke erforderlich. Eine Mechanisierung des Vorgangs verlangt jedoch große Stückzahlen, um wirtschaftlich arbeiten zu können.

Für die Auslegung des Schrumpfverbandes ist die radiale Belastung der Aufnehmerwand entscheidend. Sie beträgt aber nur bei extremen Querschnittsänderungen von Werkstücken aus QSt 32-3 ($s_R \leq 2$ mm) über 2000 N/mm^2, so daß in der Regel eine einfache Armierung ausreichend ist. Zur Erzielung fehlerfreier Werkstücke und zur Verfahrensoptimierung müssen die Einflüsse der Werkzeuggestaltung auf den Stofffluß bekannt sein. Berichte in /14/ über Untersuchungen des Querfließpressens und eigene Untersuchungen ergaben, daß die Radien am Übergang vom Zapfen zum Flansch und an der Umlenkung mindestens $0,15 \cdot d_0$ sein sollten. Dagegen wurde für den Kantenradius am Gegenstempel 1 mm als bester Wert gefunden.

Durch eine kegelige Gestaltung der Matrizenstirnfläche kann die Spalthöhe nach außen hin verringert werden. Dabei muß der Kegelwinkel größer sein als der sich zu Vorgangsbeginn frei ausbildende Winkel der Flanschdeckflächen, damit bereits bei der Flanschausbildung ein Gegendruck aufgebracht wird (s. Abschnitt 4.1.2.7). Dies ist der Fall für einen Kegelwinkel $2\alpha_M \lesssim 150^0$. Durch den auf diese Weise aufgebrachten Gegendruck lassen sich bei nur geringer Erhöhung der Stempelkraft wesentlich größere Außendurchmesser fehlerfrei erzielen.

Die Verfahrensgrenzen bei einem maximalen Stempelhub von 60 mm sind durch das Verhältnis von Spalthöhe zu Ringspaltbreite bei der Umlenkung und den rißfrei erreichbaren Flanschdurchmesser in Abhängigkeit von der Spalthöhe vor der Umlenkung gekennzeichnet. Um Werkstücke ausreichender Genauigkeit und ohne Risse zu erhalten, muß die Ringspaltbreite kleiner als die Spalthöhe bzw. die Wanddicke kleiner als die Bodendicke sein. Das Kombinierte Quer-Napf-Vorwärts-Fließpressen ist also nur anwendbar für $s_R/s_{Sp} < 1$.

Die fehlerfrei erreichbaren Außendurchmesser reichen von $d_A = 2 \cdot d_0$ für sehr kleine Spalthöhen ($s_{Sp} = 1,5$ mm) bis $2,4 \cdot d_0$ für Spalthöhen größer 4 mm. Diese Werte können, wie bereits erwähnt, durch Aufbringen eines Gegendrucks mit Hilfe einer Matrize mit kegeliger Stirnfläche deutlich verbessert werden.

Die statische und dynamische Festigkeit der Werkstücke wurde nicht untersucht, so daß keine Aussagen über entsprechende mechanische Eigenschaften gemacht werden können. Deshalb muß vor einem Einsatz in der Fertigung eine Werkstückprüfung erfolgen und das Bauteilverhalten bei gegebener Beanspruchung untersucht werden.

Die starken Verformungsinhomogenitäten im Werkstück machen eventuell eine Wärmebehandlung des umgeformten Werkstücks zur Homogenisierung des Gefüges notwendig, was sich sicher nachteilig auf die erreichten hohen Genauigkeiten der Werkstücke auswirken würde.

8 ZUSAMMENFASSUNG

Das Kombinierte Quer-Napf-Vorwärts-Fließpressen ist eine neue Verfahrenskombination zur Herstellung von Hohlkörpern mit Zapfen variabler Länge
in einem Arbeitsgang. Ziel der Arbeit sollte es sein, die Grundlagen und
Einsatzmöglichkeiten dieses neuen Verfahrens zu untersuchen.
Dazu wurde mit zum Teil theoretischen, zum Teil experimentellen Untersuchungen eine Verfahrensanalyse durchgeführt. Der Werkstofffluß des insta-
tionär ablaufenden Vorgangs wurde mit Hilfe von Modellversuchen und der
Methode der Visioplasticity sowie über Härtemessungen und die Ätzung
polierter Schliffe untersucht.
Den theoretischen Teil der Verfahrensanalyse bildete eine numerische
Simulation des Verfahrens mit Hilfe des FE-Programms PLADAN, das mit
einem starr-idealplastischen Werkstoffmodell arbeitet. Wegen der starken
Verzerrungen einzelner Bereiche der idealisierten Struktur mit fort-
schreitender Umformung, mußte eine Netzneugenerierung durchgeführt werden. Nach Interpolation der alten Knotenwerte auf die neue Struktur
wurde die Simulation fortgesetzt. Es wurden die auftretenden Geschwindigkeitsfelder, Spannungen, Vergleichsformänderungen und Vergleichsformänderungsgeschwindigkeiten ermittelt und die benötigte Stempelkraft berechnet. Die numerische Simulation ergab eine gute Übereinstimmung mit den
im Versuch gemachten Beobachtungen und gab Erklärungen für manche Er-
scheinungen, wie z.B. das Nichtanlegen des Werkstoffs an den Umlenkradius.
Im experimentellen Teil der Untersuchung bildeten über 500 Fließpreßver-
suche mit den Werkstoffen QSt 32-3 und AlMgSi 0,5 die Grundlage zur
Ermittlung des Kraftbedarfs, der Anwendungsgrenzen des Verfahrens sowie
der Gebrauchseigenschaften. Um die Einflußgrößen auf die Kräfte am
Stempel und Gegenstempel zu erfassen, wurde die Größe der Spaltgeometrie, charakterisiert durch die Spalthöhe, Ringspaltbreite und den Matrizeninnendurchmesser, verändert. Vor allem sind die auftretenden rückwirkenden Kräfte auf die Matrize, die eine entsprechend hohe Schließkraft
während des Vorganges erfordern, in diesem Zusammenhang zu erwähnen.
Darüber hinaus wurden der Einfluß der Gegenstempelform und einer sich
zum Rand hin verengenden Spalthöhe auf die Stempelkräfte untersucht. Als
Anwendungsbeispiel wurden einige Klauenteile hergestellt und die dabei
auftretenden Kräfte gemessen.
Aus den Ergebnissen der Versuche wurde eine empirische Beziehung für die

auftretenden Stempelkräfte entwickelt. Ein theoretischer Ansatz nach dem Verfahren der oberen Schranke wurde hergeleitet und die auf diese Weise berechneten Stempelkräfte mit den im Versuch aufgenommenen Stempelkräften verglichen. Sie zeigten eine gute Übereinstimmung über weite Bereiche der untersuchten Werkzeugparameter.

Die Untersuchungen über die Verfahrensgrenzen und die Arbeitsgenauigkeit des Verfahrens ergaben, daß Werkstücke mit ausreichender Genauigkeit und ohne Risse nur dann erreicht werden können, wenn bei der Umlenkung des Flansches in den Hohlkörper die Wanddicke verringert wird. Das Aufbringen eines zusätzlichen Gegendruckes, indem die Dicke des Flansches bereits vor der Umlenkung verringert wird, führt zu einer deutlichen Verbesserung der fehlerfrei erreichbaren Hohlkörperaußendurchmesser von $2,0 \cdot d_0$ auf über $2,6 \cdot d_0$.

In einer abschließenden Diskussion der Ergebnisse unter dem Gesichtspunkt einer möglichen industriellen Anwendung wurden die Vor- und Nachteile des Verfahrens beschrieben. Eine vorteilhafte Anwendung des Kombinierten Quer-Napf-Vorwärts-Fließpressens ist nach den vorliegenden Ergebnissen vor allem bei Werkstücken komplexer Geometrie mit großen Stückzahlen und hohen Anforderungen an die Arbeitsgenauigkeit denkbar.

ANHANG

Anhang: _Herleitung der Beziehung für die Stempelkraft nach der Methode der oberen Schranke._

Geschwindigkeiten :

Für die Geschwindigkeit des Hohlkörperendes gilt:

$$v_H = \left(\frac{r_0^2}{r_a^2 - r_i^2} \right) v_{St} \qquad (A1)$$

Zone I :

nur Geschwindigkeit in z-Richtung:

$$v_z = v_H \qquad (A2)$$
$$v_r = 0 \qquad (A3)$$
$$v_t = 0 \qquad (axi.sym.) \qquad (A4)$$

Zone II :

lineare Geschwindigkeitsänderung in z-Richtung:

$$v_t = 0 \qquad (A5)$$
$$v_z = a + bz \qquad (A6)$$

Randbedingungen :

$$v_z \big|_{z=0} = v_H \qquad (A7)$$
$$v_H = a \qquad (A8)$$
$$v_z \big|_{z=s_{sp}} = 0 \qquad (A9)$$
$$0 = a + b\, s_{sp} \qquad (A10)$$
$$b = -\frac{a}{s_{sp}} \qquad (A11)$$

(A8), (A11) in (A6) :

$$v_z = v_H - \frac{v_H}{s_{sp}} z \qquad (A12)$$
$$v_z = \left(\frac{r_0^2\, v_{St}}{r_a^2 - r_i^2} \right) \left(1 - \frac{1}{s_{sp}} z \right) \qquad (A13)$$

$$\dot{\varepsilon}_r = \frac{\partial v_r}{\partial r} \tag{A14}$$

$$\dot{\varepsilon}_t = \frac{v_r}{r} \tag{A15}$$

$$\dot{\varepsilon}_z = \frac{\partial v_z}{\partial z} \tag{A16}$$

$(A13)$ in $(A16)$

$$\dot{\varepsilon}_z = \frac{\partial v_z}{\partial z} = \frac{\partial}{\partial z} \left(\frac{r_0^2\, v_{St}}{r_a^2 - r_i^2} \right) \left(1 - \frac{1}{s_{Sp}}\, z \right) \tag{A17}$$

$$\dot{\varepsilon}_z = -\frac{1}{s_{Sp}} \left(\frac{r_0^2\, v_{St}}{r_a^2 - r_i^2} \right) \tag{A18}$$

$$\dot{\varepsilon}_r + \dot{\varepsilon}_t + \dot{\varepsilon}_z = 0 \tag{A19}$$

$$\frac{\partial v_r}{\partial r} + \frac{v_r}{r} + \dot{\varepsilon}_z = 0 \tag{A20}$$

$$\frac{\partial}{\partial r}(r\, v_r) = -r\, \dot{\varepsilon}_z \tag{A21}$$

$$v_r = -\frac{r}{2}\, \dot{\varepsilon}_z + \frac{B(z)}{r} \tag{A22}$$

$(A20)$ in $(A22)$:

$$v_r = \frac{r}{2}\, \frac{1}{s_{Sp}} \left(\frac{r_0^2\, v_{St}}{r_a^2 - r_i^2} \right) + \frac{B(z)}{r} \tag{A23}$$

Randbedingungen :

$$v_r \Big|_{r = r_a} = 0 \tag{A24}$$

$$B(z) = -\frac{r_a^2}{2 \cdot s_{Sp}} \left(\frac{r_0^2\, v_{St}}{r_a^2 - r_i^2} \right) \tag{A25}$$

$(A25)$ in $(A23)$:

$$v_r = \frac{r}{2 \cdot s_{sp}} \left(\frac{r_0^2 \; v_{st}}{r_a^2 - r_i^2} \right) - \frac{r_a^2}{2 \cdot s_{sp} \, r} \left(\frac{r_0^2 \; v_{st}}{r_a^2 - r_i^2} \right) \qquad (A26)$$

$$v_r = \frac{r}{2 \cdot s_{sp}} \left(\frac{r_0^2 \; v_{st}}{r_a^2 - r_i^2} \right) \left[1 - \left(\frac{r_a}{r} \right)^2 \right] \qquad (A27)$$

Zone III siehe später

Zone IV :

lineare Geschwindigkeitsänderung in z - Richtung :

$$v_z = a + b z \qquad (A28)$$

Randbedingungen :

$$v_z \Big|_{z \, = \, 0} = 0 \qquad (A29)$$

$$0 = a \qquad (A30)$$

$$v_z \Big|_{z \, = \, s_{sp}} = v_{st} \qquad (A31)$$

$$v_{st} = b \, s_{sp} \qquad (A32)$$

$$b = \frac{v_{st}}{s_{sp}} \qquad (A33)$$

$$v_z = \frac{v_{st}}{s_{sp}} \, z \qquad (A34)$$

$$\dot{\varepsilon}_z = \frac{\partial v_z}{\partial z} = \frac{v_{st}}{s_{sp}} \qquad (A35)$$

$(A35)$ in $(A22)$:

$$v_r = - \frac{v_{st} \, r}{2 \cdot s_{sp}} + \frac{B(z)}{r} \qquad (A36)$$

$$v_r \Big|_{r \, = \, 0} = 0 \qquad (A37)$$

$$\frac{r \; v_{st}}{2 \cdot s_{sp}} = \frac{B(z)}{r} \qquad (A\,38)$$

$$B(z) = 0 \qquad (A\,39)$$

$$v_r = - \frac{v_{st} \; r}{2 \cdot s_{sp}} \qquad (A\,40)$$

Zone $\underline{\mathrm{V}}$:

nur Geschwindigkeit in z - Richtung :

$$v_t = 0 \qquad (A\,41)$$

$$v_r = 0 \qquad (A\,42)$$

$$v_z = v_{st} \qquad (A\,43)$$

Zone $\underline{\mathrm{III}}$:

nur Geschwindigkeit in r - Richtung :

$$v_t = 0 \qquad (A\,44)$$

$$v_z = 0 \qquad (A\,45)$$

Abnahme der Geschwindigkeit in r - Richtung :

$$v_r = a + b \, \frac{1}{r} \qquad (A\,46)$$

Randbedingungen :

$$\dot{\varepsilon}_r = - \dot{\varepsilon}_t \qquad (\dot{\varepsilon}_z = 0) \qquad (A\,47)$$

$$\dot{\varepsilon}_r = - b \, \frac{1}{r^2} \qquad (A\,48)$$

$$\dot{\varepsilon}_t = \frac{a}{r} + b \, \frac{1}{r^2} \qquad (A\,49)$$

$$a = 0 \qquad (A\,50)$$

$$v_r\Big|_{r=r_0} = -\frac{r_0}{2}\,\frac{v_{st}}{s_{sp}} \qquad (A\,51)$$

$$(A\,52)$$

$$-\frac{r_0}{2}\,\frac{v_{st}}{s_{sp}} = \frac{b}{r_0}$$

$$b = -\frac{r_0^2}{2}\,\frac{v_{st}}{s_{sp}} \qquad (A\,53)$$

$$v_r = -\frac{r_0^2}{2}\,\frac{v_{st}}{s_{sp}}\,\frac{1}{r} \qquad (A\,54)$$

$$\dot{\varepsilon}_r = \frac{r_0^2}{2}\,\frac{v_{st}}{s_{sp}}\,\frac{1}{r^2} \qquad (A\,55)$$

$$\dot{\varepsilon}_t = -\frac{r_0^2}{2}\,\frac{v_{st}}{s_{sp}}\,\frac{1}{r^2} \qquad (A\,56)$$

damit (A47) erfüllt.

Die obere Schranke nach v. Mises :

$$J^* = \frac{2}{\sqrt{3}}\,k_f \int\limits_V \sqrt{\frac{1}{2}\,\dot{\varepsilon}_{ij}\,\dot{\varepsilon}_{ij}}\;dV + \int\limits_{A_s} \tau\cdot|\Delta v|\,dA_s \qquad (A\,57)$$

Die Umformleistung beträgt :

$$P_u = \frac{2}{\sqrt{3}}\,k_f \int\limits_V \sqrt{\frac{1}{2}\,\dot{\varepsilon}_{ij}\,\dot{\varepsilon}_{ij}}\;dV \qquad (A\,58)$$

Zonen I und II sind starr und liefern keine Anteile zur Umformleistung.

mit $\dot{\varepsilon}_{rt} = \dot{\varepsilon}_{tz} = \dot{\varepsilon}_{zr} = 0$ ergibt sich :

$$P_u = \frac{2}{\sqrt{3}}\,k_f \int\limits_V \sqrt{\frac{1}{2}\,(\dot{\varepsilon}_r^2 + \dot{\varepsilon}_t^2 + \dot{\varepsilon}_z^2)}\;dV \qquad (A\,59)$$

Die äußere Leistung, die durch den Stempel aufgebracht wird, lautet:

$$P^* = \pi \, r_0^2 \; p_{st} \, |v_{st}|$$
(A60)

Damit wird:

$$p_{st} = \frac{P_U + P_R + P_S}{\pi \, r_0^2 \, |v_{st}|}$$
(A61)

Zone II:

$$\dot{\varepsilon}_r = \frac{\partial v_r}{\partial r} = \frac{1}{2 \cdot s \, s_p} \left(\frac{r_0^2 \, v_{st}}{r_a^2 - r_i^2} \right) \left[1 + \left(\frac{r_a}{r} \right)^2 \right]$$
(A62)

$$\dot{\varepsilon}_t = \frac{v_r}{r} = \frac{1}{2 \cdot s \, s_p} \left(\frac{r_0^2 \, v_{st}}{r_a^2 - r_i^2} \right) \left[1 - \left(\frac{r_a}{r} \right)^2 \right]$$
(A63)

$$\dot{\varepsilon}_z = \frac{\partial v_z}{\partial z} = - \frac{1}{s \, s_p} \left(\frac{r_0^2 \, v_{st}}{r_a^2 - r_i^2} \right)$$
(A64)

$$P_{U_{II}} = \frac{2}{\sqrt{3}} \, k_f \int\limits_{r=r_i}^{r_a} s \, s_p \sqrt{ \frac{1}{2} \, \frac{1}{2} \, \frac{1}{s \, s_p^2} \left(\frac{r_0^2 \, v_{st}}{r_a^2 - r_i^2} \right)^2 \left[3 + \left(\frac{r_a}{r} \right)^4 \right] } \, 2\pi r \, dr$$
(A65)

$\sqrt{3} / r^2$ rausgezogen:

$$P_{U_{II}} = \frac{2}{\sqrt{3}} \, k_f \, \frac{1}{2} \, \frac{1}{s \, s_p} \, s \, s_p \left| \frac{r_0^2 \, v_{st}}{r_a^2 - r_i^2} \right| \sqrt{3} \int\limits_{r=r_i}^{r_a} \sqrt{ r^4 + \frac{r_a^4}{3} } \; 2 \cdot \pi \, \frac{dr}{r}$$
(A66)

$$P_{U_{II}} = 2 \cdot k_f \, \pi \left| \frac{r_0^2 \, v_{st}}{r_a^2 - r_i^2} \right| \int\limits_{r=r_i}^{r_a} \sqrt{ r^4 + \frac{r_a^4}{3} } \; \frac{dr}{r}$$
(A67)

Substitution des Integrals:

$$z = \int\limits_{r=r_i}^{r_a} \sqrt{ r^4 + \frac{r_a^4}{3} } \; \frac{dr}{r}$$
(A68)

$$r^2 = x; \quad \frac{dr}{r} = \frac{1}{2} \, \frac{dx}{x}$$
(A69)

$(A\,69)$ in $(A\,68)$:

$$z = \frac{1}{2} \int \frac{\sqrt{x^2 + \frac{r_a^4}{3}}}{x}\, dx \tag{A70}$$

Gleichung $(A70)$ integriert :

$$z = \frac{1}{2}\left[\sqrt{x^2 + \frac{r_a^4}{3}} - \frac{r_a^2}{\sqrt{3}}\, \ln\left|\frac{\sqrt{x^2 + \frac{r_a^4}{3}} + \frac{r_a^2}{\sqrt{3}}}{x}\right|\right] \tag{A71}$$

Rücksubsitution und in Gl. $(A67)$ eingesetzt :

$$P_{u_I} = k_f\, \pi \left|\frac{r_0^2\, v_{st}}{r_a^2 - r_i^2}\right| \cdot \left(\sqrt{r^4 + \frac{r_a^4}{3}} - \frac{r_a^2}{\sqrt{3}}\, \ln\left|\frac{\sqrt{r^4 + \frac{r_a^4}{3}} + \frac{r_a^2}{\sqrt{3}}}{r^2}\right|\right)\Bigg|_{r=r_i}^{r_a} \tag{A72}$$

$\dfrac{r_a}{\sqrt{3}}$ rausziehen und Grenzen eingesetzt :

$$P_{u_{II}} = \frac{1}{\sqrt{3}}\, k_f\, \pi\, r_a^2 \left|\frac{r_0^2\, v_{st}}{r_a^2 - r_i^2}\right| \cdot \left|\sqrt{1+3\left(\frac{r_a}{r_a}\right)^4} - \sqrt{1+3\left(\frac{r_i}{r_a}\right)^4}\right.$$

$$\left. - \ln\left|\frac{(\sqrt{3\,r_a^4 + r_a^4} + r_a^2)\, r_i^2}{(\sqrt{3\,r_i^4 + r_a^4} + r_a^2)\, r_a^2}\right|\right| \tag{A73}$$

$$P_{u_{II}} = \frac{1}{\sqrt{3}}\, k_f\, \pi\, r_a^2 \left|\frac{r_0^2\, v_{st}}{r_a^2 - r_i^2}\right| \cdot \left|\, 2 - \sqrt{1+3\left(\frac{r_i}{r_a}\right)^4}\right.$$

$$\left. - \ln\left|\left(\frac{r_i}{r_a}\right)^2\left(\frac{3}{1+\sqrt{1+3\left(\frac{r_i}{r_a}\right)^4}}\right)\right|\right| \tag{A74}$$

Zone $\mathrm{I\!I\!I}$:

$$\dot{\varepsilon}_r = \frac{\partial v_r}{\partial r} = \frac{r_0^2}{2} \frac{v_{st}}{s_{sp}} \frac{1}{r^2} \qquad (A\,75)$$

$$\dot{\varepsilon}_t = \frac{v_r}{r} = \frac{r_0^2}{2} \frac{v_{st}}{s_{sp}} \frac{1}{r^2} \qquad (A\,76)$$

$$\dot{\varepsilon}_z = 0 \qquad (A\,77)$$

$$Pu_{\mathrm{I\!I\!I}} = \frac{2}{\sqrt{3}} k_f \int\limits_{r=r_0}^{r_i} s_{sp} \sqrt{\frac{1}{2} \frac{1}{2} \left(r_0^2 \frac{v_{st}}{s_{sp}} \frac{1}{r^2} \right)^2} \; 2\cdot\pi \, r \, d r \qquad (A\,78)$$

$$Pu_{\mathrm{I\!I\!I}} = \frac{2}{\sqrt{3}} k_f \, r_0^2 \, v_{st} \, \pi \int\limits_{r_0}^{r_i} \frac{1}{r} \; d r \qquad (A\,79)$$

integriert und Grenzen eingesetzt :

$$Pu_{\mathrm{I\!I\!I}} = \frac{2}{\sqrt{3}} k_f \, \pi \, r_0^2 \, v_{st} \, \ln\left(\frac{r_i}{r_0}\right) \qquad (A\,80)$$

Zone $\mathrm{I\!V}$:

$$\dot{\varepsilon}_r = \frac{\partial v_r}{\partial r} = - \frac{1}{2} \frac{v_{st}}{s_{sp}} \qquad (A\,81)$$

$$\dot{\varepsilon}_t = \frac{v_r}{r} = - \frac{1}{2} \frac{v_{st}}{s_{sp}} \qquad (A\,82)$$

$$\dot{\varepsilon}_z = \frac{\partial v_z}{\partial z} = \frac{v_{st}}{s_{sp}} \qquad (A\,83)$$

$$Pu_{\mathrm{I\!V}} = \frac{2}{\sqrt{3}} k_f \int\limits_{r=0}^{r_0} s_{sp} \sqrt{\frac{1}{2} \frac{3}{2} \frac{v_{st}}{s_{sp}}^2} \; 2\,\pi \, r \, d r \qquad (A\,84)$$

$$Pu_{\mathrm{I\!V}} = \frac{2}{\sqrt{3}} \frac{\sqrt{3}}{2} k_f \, \pi \, 2\cdot s_{sp} \frac{v_{st}}{s_{sp}} \int\limits_{r=0}^{r_0} r \, d r \qquad (A\,85)$$

$$P_{u_{\overline{IV}}} = k_f \, \pi \, v_{St} \, r_0^2 \tag{A86}$$

<u>Reibleistung :</u>

$$P_R = \int\limits_{A_S} \tau \, |\Delta v| \, dA_S \tag{A87}$$

$$\tau = \mu \, k_f \tag{A88}$$

Reibung entlang der Matrizenwand 1:

$$P_{R1} = \int\limits_{z=-H_1}^{0} \mu \, k_f \left| \frac{r_0^2 \, v_{St}}{r_a^2 - r_i^2} \right| 2 \cdot \pi \, r_a \, dz \tag{A89}$$

$$P_{R1} = 2 \cdot \mu \, k_f \, \pi \, |v_{St}| \, r_0^2 \, r_a \, H_1 \, \frac{1}{r_a^2 - r_i^2} \tag{A90}$$

Berandung 2 :

$$P_{R2} = \int\limits_{z=-h_1}^{0} \mu \, k_f \left| \frac{r_0^2 \, v_{St}}{r_a^2 - r_i^2} \right| 2 \cdot \pi \, r_i \, dz \tag{A91}$$

$$P_{R2} = 2 \cdot \mu \, k_f \, \pi \, |v_{St}| \, r_0^2 \, r_i \, h_1 \, \frac{1}{r_a^2 - r_i^2} \tag{A92}$$

Berandung 3 :

$$P_{R3} = \int\limits_{z=0}^{s_{sp}} \mu \, k_f \left| \frac{r_0^2 \, v_{St}}{r_a^2 - r_i^2} \left(1 - \frac{1}{s_{sp}} z \right) \right| 2 \cdot \pi \, r_a \, dz \tag{A93}$$

$$P_{R3} = 2 \cdot \mu \, k_f \, \pi \, r_a \left| \frac{v_{St} \, r_0^2}{r_a^2 - r_i^2} \left(s_{sp} - \frac{1}{2} s_{sp} \right) \right| \tag{A94}$$

$$P_{R3} = \mu \, k_f \, \pi \, r_a \, s_{sp} \left| \frac{v_{St} \, r_0^2}{r_a^2 - r_i^2} \right| \tag{A95}$$

Berandung 4 :

$$P_{R4} = \int_{r=r_i}^{r_a} \mu\, k_f \left| \frac{r}{2s_{sp}} \left(\frac{r_0^2\, v_{st}}{r_a^2 - r_i^2} \right) \left[1 - \left(\frac{r_a}{r} \right)^2 \right] \right| 2 \cdot \pi\, r\, dr \qquad (A\,96)$$

$$P_{R4} = \mu\, k_f\, \pi \cdot \frac{1}{s_{sp}} \left| \frac{r_0^2\, v_{st}}{r_a^2 - r_i^2} \right| \left| \int_{r=r_i}^{r_a} |r^2 - r_a^2|\, dr \right| \qquad (A\,97)$$

$$P_{R4} = \mu\, k_f\, \pi\, \frac{1}{s_{sp}} \left| \frac{r_0^2\, v_{st}}{r_a^2 - r_i^2} \right| \cdot \left[\frac{r^3}{3} - r_a^2\, r \right]_{r_i}^{r_a} \qquad (A\,98)$$

$$P_{R4} = \frac{1}{3} \mu\, k_f\, \pi\, \frac{1}{s_{sp}} \left| \left(\frac{r_0^2\, v_{st}}{r_a^2 - r_i^2} \right) (3 \cdot r_a^2 r_i - 2 \cdot r_a^3 - r_i^3) \right| \qquad (A\,99)$$

Berandung 5 und 6 :

$$P_{R5,6} = 2 \int_{r=r_0}^{r_i} \mu\, k_f \left| \frac{r_0^2\, v_{st}}{2 s_{sp}\, r} \right| 2 \cdot \pi\, r\, dr \qquad (A\,100)$$

$$P_{R5,6} = 2 \cdot \mu\, k_f\, \pi\, \frac{1}{s_{sp}}\, r_0^2\, |v_{st}| (r_i - r_0) \qquad (A\,101)$$

Berandung 7 :

$$P_{R7} = \int_{r=0}^{r_0} \mu\, k_f \left| \frac{v_{st}}{2 \cdot s_{sp}} \right| r\, 2 \cdot \pi\, r\, dr \qquad (A\,102)$$

$$P_{R7} = \frac{1}{3} \mu\, k_f\, \pi\, \frac{1}{s_{sp}}\, |v_{st}|\, r_0^3 \qquad (A\,103)$$

Berandung 8 :

$$P_{R8} = \int_{z=s_{sp}}^{H_2 + s_{sp}} \mu\, k_f \left| v_{st} \right| 2 \cdot \pi\, r_0\, dz \qquad (A\,104)$$

$$P_{R8} = 2 \cdot \mu\, k_f\, |v_{st}|\, \pi\, r_0 \left[(H_2 - s_{sp}) + s_{sp} \right] \qquad (A\,105)$$

$$2 \cdot \mu\, k_f\, |v_{st}|\, \pi\, r_0\, H_2 \qquad (A\,106)$$

mit $\quad H_2 = l_0 - h_{st} - s_{sp}$

$$P_R = \mu\, k_f\, \pi\, |v_{St}|\, r_0^2\, | \left\{ \frac{1}{r_a^2 - r_i^2} \left[(2\cdot r_a \cdot H_1 + 2 r_i\, h_1 + r_a \cdot s_{sp}) \right. \right.$$

$$\left. + \frac{1}{s_{sp}} \left(r_a^2\, r_i - \frac{2}{3}\, r_a^3 - \frac{r_i^3}{3} \right) \right] + \frac{1}{s_{sp}} \left[2\, (r_i - r_0) + \frac{r_0^3}{3} \right]$$

$$\left. + 2\, \frac{H_2}{r_0} \right\} \qquad\qquad (A\,107)$$

$$P_R = \mu\, k_f\, \pi\, |v_{St}|\, r_0^2\, \left\{ \frac{1}{r_a^2 - r_i^2} \left[(2\cdot r_a\, H_1 + 2\cdot r_i\, h_1 + r_a\, s_{sp}) \right. \right.$$

$$\left. + \frac{1}{s_{sp}} \left| \left(r_a^2\, r_i - \frac{2}{3}\, r_a^3 - \frac{r_i^3}{3} \right) \right| \right] + \frac{1}{s_{sp}} \left(2\cdot r_i - \frac{5}{3}\, r_0 \right) + \frac{2 H_2}{r_0} \right\} \qquad (A\,108)$$

Scherleistung :

$$P_S = \int_{A_S} \tau\, |\Delta v|\, d A_S \qquad\qquad (A\,109)$$

$$\tau = \frac{k_f}{\sqrt{3}} \qquad\qquad (A\,110)$$

Scherung längs der Fläche 9 entspricht der Reibleistung längs Fläche 4 mit $\mu = \frac{1}{\sqrt{3}}$:

$$P_{S_9} = \frac{1}{3\cdot\sqrt{3}}\, k_f\, \pi\, \frac{1}{s_{sp}} \left| \left(\frac{r_0^2\, v_{St}}{r_a^2 - r_i^2} \right) (3\cdot r_a^2\, r_i - 2\, r_a^3 - r_i^3) \right| \qquad (A\,111)$$

Scherung längs der Fläche 10 entspricht der Reibleistung längs der Fläche 3 mit $\mu = \frac{1}{\sqrt{3}}$ an der Stelle $r = r_i$:

$$P_{S_{10}} = \frac{1}{\sqrt{3}}\, k_f\, \pi\, r_i\, s_{sp} \left| \frac{v_{St}\, r_0^2}{r_a^2 - r_i^2} \right| \qquad (A\,112)$$

$$- 147 -$$

Scherleistung längs der Fläche 11 :

$$P_{S11} = \frac{1}{\sqrt{3}} \, k_f \int\limits_{z=0}^{s_{sp}} \left| \frac{v_{st}}{s_{sp}} \, z \right| 2 \cdot \pi \, r_0 \, dz \qquad\qquad (A\,113)$$

$$P_{S11} = \frac{1}{\sqrt{3}} \, k_f \, \pi \, r_0 \, |v_{st}| \, s_{sp} \qquad\qquad (A\,114)$$

Scherleistung längs der Fläche 12 entspricht der Reibleistung längs der Fläche 7 mit $\mu = \frac{1}{\sqrt{3}}$:

$$P_{S12} = \frac{1}{3 \cdot \sqrt{3}} \, k_f \, \pi \, \frac{1}{s_{sp}} \, |v_{st}| \, r_0^3 \qquad\qquad (A\,115)$$

Gesamte Scherleistung :

$$P_S = \frac{1}{\sqrt{3}} \, k_f \, \pi \, |v_{st}| \cdot r_0^2 \left\{ \frac{1}{r_a^2 - r_i^2} \left[\frac{1}{s_{sp}} \left(r_a^2 \, r_i - \frac{2}{3} \, r_a^3 - \frac{r_i^3}{3} \right) \right. \right.$$

$$\left. \left. + r_i \, s_{sp} \right] + \frac{s_{sp}}{r_0} + \frac{1}{3} \, \frac{r_0}{s_{sp}} \right\} \qquad\qquad (A\,116)$$

Gesamte Umformleistung :

$$P_U = k_f \cdot \pi \cdot r_0^2 \, |v_{st}| \left\{ \frac{1}{\sqrt{3}} \, \frac{r_a^2}{r_a^2 - r_i^2} \left[\left| \left(2 - \sqrt{1 + \left(\frac{r_i}{r_a} \right)^4} \right) \right. \right. \right.$$

$$\left. \left. \left. - \ln \left| \frac{1}{3} \left(\frac{r_i}{r_a} \right)^2 \frac{1}{1 + \sqrt{1 + 3 \left(\frac{r_i}{r_a} \right)^4}} \right| \right| \right] + \frac{2}{\sqrt{3}} \, \ln \frac{r_i}{r_0} + 1 \qquad (A\,117)$$

Innere Leistung = äußere Leistung :

$$P_U + P_R + P_S = J^* \qquad\qquad (A\,118)$$

$$\frac{p_{st}}{k_f} = \frac{1}{\sqrt{3}} \; \frac{r_a^2}{r_a^2 - r_i^2} \; \left| \left(2 - \sqrt{1 + \left(\frac{r_i}{r_a}\right)^4}\right)\right.$$

$$- \ln \left| \left(\frac{r_i}{r_a}\right)^2 \frac{3}{1 + \sqrt{1 + 3\left(\frac{r_i}{r_a}\right)^4}}\right| \left.\right| + \frac{2}{\sqrt{3}} \ln \frac{r_i}{r_o} + 1$$

$$+ \mu \left\{ \frac{1}{r_a^2 - r_i^2} \left[\left(2 \cdot r_a \, H_1 + 2 \cdot r_i \, h_1 + r_a \, s_{sp}\right) + \right.\right.$$

$$\left.\left. + \frac{1}{s_{sp}} \left|\left(r_a^2 \, r_i - \frac{2}{3} \, r_a^3 - \frac{r_i^3}{3}\right)\right|\right] + \frac{1}{s_{sp}} \left(2 \cdot r_i - \frac{5}{3} \, r_o\right)\right.$$

$$\left. + \frac{2 \cdot H_2}{r_o} \right\} + \frac{1}{\sqrt{3}} \left\{ \frac{1}{r_a^2 - r_i^2} \left[\frac{1}{s_{sp}} \left(r_a^2 \, r_i - \frac{2}{3} \, r_a^3\right)\right.\right.$$

$$\left.\left. - \frac{r_i^3}{3}\right) + r_i \, s_{sp}\right] + \frac{s_{sp}}{r_o} + \frac{1}{3} \; \frac{r_o}{s_{sp}} \right\} \qquad\qquad (A\,119)$$

$$\text{mit } H_2 = l_o - h_{st}$$

<u>Anhang</u>: Empirische Berechnung des Kraftbedarfs.

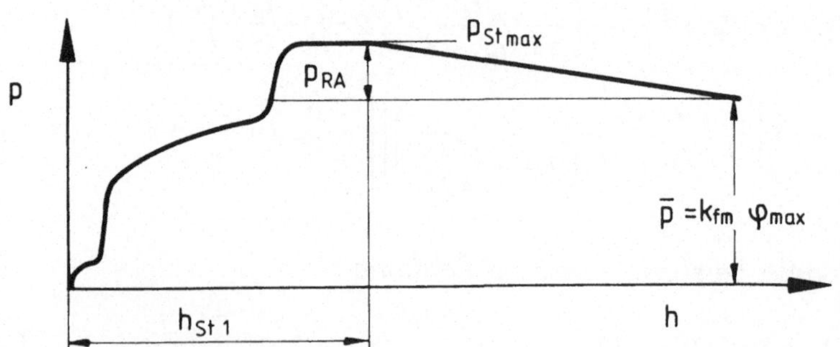

Bild A1: Typischer Stempelkraft-Weg-Verlauf für das Kombinierte Quer-
Napf-Vorwärts-Fließpressen.

SCHRIFTTUM

/1/   Lange, K.: Lehrbuch der Umformtechnik, Band 2, Massivumformung.
        Berlin, Heidelberg, New York: Springer 1974.

/2/   Geiger, R.; Woska, R.: Fließpressen. In: Spur, G.; Stöferle, Th.:
        Handbuch der Fertigungstechnik Bd. 2/2 Umformen. München, Wien:
        Carl Hanser Verlag 1984.

/3/   Leykamm, H.: Kaltfließpressen - Neue Möglichkeiten, neue Anwendun-
        gen. In: Seminarband, Neuere Entwicklungen in der Massivumformung,
        Forschungsgesellschaft Umformtechnik mbH, Stuttgart 1985, S. 12/1
        - 12/11.

/4/   Geiger, R.: Kombinationen von Fließpreßverfahren. Draht 29 (1978)
        5, S. 223 - 230.

/5/   Schlowag, E.: Vielseitige Fertigungsmöglichkeiten durch Kaltfließ-
        pressen. Fertigungstechnik und Betrieb 34 (1984) 4, S. 210 - 214.

/6/   Dipper, M.: Stand und neue Entwicklungen beim Kaltfließpressen von
        Leichtmetallen. In: Kopp, R.: Neue Verfahren der Massivumformung,
        Vortragstexte des Symposiums der DGM, RWTH Aachen 1981, S. 225 -
        238.

/7/   Geiger, R.: Präzisionsumformen durch Querfließpressen. In: Seminar-
        band, Neuere Entwicklungen in der Massivumformung, Forschungsge-
        sellschaft Umformtechnik mbH, Stuttgart 1985, S. 13/1 - 13/10.

/8/   Geiger, R.; Schätzle, W.: Grundlagen und Anwendung des Querfließ-
        pressens. In: Grundlagen der Umformtechnik II. Berichte aus dem
        Institut für Umformtechnik, Universität Stuttgart, Nr. 75. Berlin,
        Heidelberg, New York, Tokyo: Springer Verlag 1983, S. 139 - 160.

/9/   Krämer, W.: Verfahrenskombinationen beim Kaltfließpressen. In: Se-
        minarband, Neuere Entwicklungen in der Massivumformung, Forschungs-
        gesellschaft Umformtechnik mbH, Stuttgart, 1981, S. 10/1 - 10/19.

- 150 -

/10/ Lange, K.: Neuere Möglichkeiten der Werkstückherstellung durch Massivumformen. Industrie-Anzeiger 98 (1976) 102, S. 1817 - 1824.

/11/ Geiger, R.: Der Stofffluß beim kombinierten Napffließpressen. Berichte aus dem Institut für Umformtechnik, Universität Stuttgart, Nr. 36. Essen: Girardet Verlag 1976.

/12/ VDI-Richtlinie 3138: Kaltfließpressen von Stählen und NE-Metallen, Arbeitsbeispiele, Blatt 3. VDI-Verlag, Düsseldorf 1970.

/13/ DIN-Norm 8583: Fertigungsverfahren Druckumformen, Blatt 6.

/14/ Schätzle, W.: Querfließpressen von Flanschen und Bunden an zylindrischen Vollkörpern. Berichte aus dem Institut für Umformtechnik, Universität Stuttgart. Berlin, Heidelberg, New York, Tokyo: Springer Verlag (demnächst).

/15/ Hendry, J.C.: An Investigation of the Injection Upsetting of Six Steels. NEL Report No. 494, National Engineering Laboratory, Glasgow 1971.

/16/ Balendra, R.: Process Mechanics of Injection Upsetting. International Journal of Tool Design Research, 25 (1985) 1, S. 63 - 73.

/17/ Bariani, P.; Jovane, F.: Free surface profiles and workability limits in the heading process. Annals of the CIRP, 31 (1982) 1, S. 185 - 190.

/18/ Cogan, R.M.: Hydrodynamic forming. Machinery, New York 70 (1964) 11, S. 127 - 133.

/19/ Alexander, J.M.; Lengyel, B.: On the cold extrusion of flanges against high hydrostatic pressure. Journal of the Institute of Metals, 93 (1964-65), S. 137 - 145.

/20/ Watkins, M.T.: Simultaneous Backward and Forward Cold Extrusion of Mild Steel. NEL-Report No. 332, National Engineering Laboratory, Glasgow 1967.

/21/ Graf, W.-D.; Schnorrbusch, H.: Beitrag zur Vorausbestimmung des Werkstoffflusses beim kombinierten Kaltfließpressen von Stahl. Fertigungstechnik und Betrieb, 23 (1973), S. 535 - 539.

/22/ Graf, W.-D.; Schnorrbusch, H.: Axialspannungs- und Kraftbedarfsermittlung beim kombinierten Fließpressen. Fertigungstechnik und Betrieb, 23 (1973), S. 365 - 368.

/23/ Geiger, R.: Möglichkeiten und Grenzen von Verfahrenskombinationen. In: VDI-Bericht Nr. 266, VDI-Verlag, Düsseldorf 1976.

/24/ Pöhlmann, W.: Kombiniertes Kaltfließpressen von Stahl. Die Technik 22 (1967), S. 761 - 764.

/25/ Burgdorf, M.: Untersuchungen über das Stauchen und Zapfenpressen. Berichte aus dem Institut für Umformtechnik, Technische Hochschule Stuttgart, Nr. 5. Essen: Girardet 1976.

/26/ Osen, W.: Verfahrensvarianten des Querfließpressens. Draht 35 (1984) 11, S. 547 - 551.

/27/ Tekkaya, A.E.: Ermittlung von Eigenspannungen in der Kaltmassivumformung. Berichte aus dem Institut für Umformtechnik, Universität Stuttgart, Nr. 83. Berlin, Heidelberg, New York, Tokyo: Springer Verlag 1986

/28/ Kunogi, M.: A new method of cold extrusion. Journal of the Scientific Research Institute, 50 (1956) 1437, S. 215 - 246.

/29/ Watkins, M.T.: Simultaneous Forward Extrusion and Upsetting of Cans. NEL-Report No. 333, National Engineering Laboratory, Glasgow 1967.

/30/ Rowell, D.W.: A new process for extruding large tubes. Wire Industry, London, 43 (1976) 11, S. 903 - 906.
siehe auch: Blech Rohre Profile 25 (1978) 11,S. 553 -554.

/31/ Rowell, D.W.: Large tube production by radial extrusion. Procee-
dings of the 5th North American Manufacturing Research Conference
(NAMRC), 1977, S. 122 - 127.

/32/ Wanheim, T.: Simulation with Model Materials in the Nordic Coun-
tries. In: Grundlagen der Umformtechnik I. Berichte aus dem Institut für Umformtechnik, Universität Stuttgart, Nr. 74. Berlin,
Heidelberg, New York, Tokyo: Springer Verlag 1983, S. 167 - 187.

/33/ Roll, K.: Possibilities for the Use of the Finite Element Method
for the Analysis of Bulk Metal Forming Processes. Annals of the
CIRP, 31 (1982) 1, S. 145 - 150.

/34/ Avitzur, B.; Hahn, W.C.; Mori, M.: Analysis of Combined Backward-
Forward Extrusion. Journal of Engineering for Industry, 98 (1976)
2, S. 438 - 445.

/35/ Brill, K.: Modellversuche für die Umformtechnik. Technische Hochschule Hannover, 1956, Dr.-Ing. Diss.

/36/ Eberlein, L.: Methoden zur Ermittlung des Werkstoffflusses beim
Umformen. Neue Hütte 29 (1984) 7, S. 251 - 254.

/37/ Finer, S.; Kivivuori, S.; Kleemola, H.: Stress - Strain relation-
ships of wax-based model materials. Journal of mechanical working
technology, 12 (1985) 2, S. 269 - 277.

/38/ Wilhelm, H.: Untersuchungen über den Zusammenhang zwischen Vickershärte und Vergleichsformänderung bei Kaltumformvorgängen. Berichte
aus den Institut für Umformtechnik, Universität Stuttgart, Nr. 9.
Essen: Girardet 1969.

/39/ Pöhlandt, K.: Vergleichende Betrachtung der Verfahren zur Prüfung
der plastischen Eigenschaften metallischer Werkstoffe. Berichte
aus dem Institut für Umformtechnik, Universität Stuttgart, Nr. 80.
Berlin, Heidelberg, New York, Tokyo: Springer Verlag 1984.

/40/ Roll, K.: Einsatz numerischer Näherungsverfahren bei der Berechnung von Verfahren der Kaltmassivumformung. Berichte aus dem Institut für Umformtechnik, Universität Stuttgart Nr. 66. Berlin, Heidelberg, New York: Springer 1982.

/41/ Grieger, I.: INGA - Interactive Graphic Analysis, Reference Manual, ISD-Report Nr. 156, Stuttgart 1976.

/42/ REDUBA, Benutzerinformation des Rechenzentrums der Universität Stuttgart, Heft 5/85, S. 14 - 25.

/43/ Metal Forming. Cold extrusion of carbon steels. P.E.R.A. Report 102.

/44/ Dipper, M.: Das Fließpressen von Hülsen in Rechnung und Versuch. Technische Hochschule Stuttgart 1949, Dr.-Ing. Diss.

/45/ Ismar, H.; Mahrenholtz, O.: Technische Plastomechanik. Braunschweig, Wiesbaden: Vieweg 1979.

/46/ Schey, J.A.: Metal Deformation Processes: Friction and Lubrication. New York: Dekker 1970 / Pergamon 1979.

/47/ Bay, N.: Friction and Pressure Distribution in Forward Extrusion. Beitrag auf dem 14. ICFG Plenary Meeting, Birmingham, 1981

/48/ Leykamm, H.: Beitrag zur Arbeitsgenauigkeit des Kaltmassivumformens. Berichte aus dem Institut für Umformtechnik, Universität Stuttgart, Nr. 57. Berlin, Heidelberg, New York: Springer Verlag 1980.

/49/ Hansen, N.: Die Bedeutung der Profiltraganteilkurve zur Kennzeichnung von abgespanten und umgeformten Oberflächen. Werkstattstechnik 57 (1967) 8, S. 379 - 383.

/50/ Schmitt, G.: Untersuchungen über das Rückwärts-Napffließpressen von Stahl bei Raumtemperatur. Berichte aus dem Institut für Umformtechnik, Universität Stuttgart, Nr. 7. Essen: Girardet 1968.

Berichte aus dem Institut für Umformtechnik der Universität Stuttgart

Herausgeber Professor Dr.-Ing. Kurt Lange

Die Berichte 1 bis 66 sind zu beziehen durch das Institut für Umformtechnik, Holzgartenstr. 17, 7000 Stuttgart 1

Die Berichte 67 und folgende sind zu beziehen durch den Springer-Verlag, Berlin Heidelberg New York Tokyo

Lt. Frau Pastyr fehlt die
ISBN nur in unserem Exemplar

Die Berichte 67 und folgende sind zu beziehen durch den Springer-Verlag, Berlin Heidelberg New York Tokyo